有趣有料的心理学冷知识，答案和真相令人不可思议
稀奇古怪的心理学冷话题，让你在交际圈中永不冷场

包罗各种天马行空、前所未见的搞怪心理学实验

冷口味心理学
关键时刻出彩的冷知识

水中鱼 著

立信会计出版社
LIXIN ACCOUNTING PUBLISHING HOUSE

图书在版编目（CIP）数据

冷口味心理学 / 水中鱼著. -- 上海：立信会计出版社，2015.3

（去梯言）

ISBN 978-7-5429-4448-1

Ⅰ.①冷… Ⅱ.①水… Ⅲ.①心理学—通俗读物 Ⅳ.①B84-49

中国版本图书馆CIP数据核字（2014）第287453号

策划编辑　蔡伟莉
责任编辑　张利勇
封面设计　久品轩

冷口味心理学

出版发行	立信会计出版社
地　　址	上海市中山西路2230号　邮政编码　200235
电　　话	（021）64411389　传　　真　（021）64411325
网　　址	www.lixinaph.com　电子邮箱　lxaph@sh163.net
网上书店	www.shlx.net　电　　话　（021）64411071
经　　销	各地新华书店
印　　刷	固安县保利达印务有限公司
开　　本	720毫米×1000毫米　1/16
印　　张	18　插　　页　1
字　　数	230千字
版　　次	2015年3月第1版
印　　次	2015年3月第1次
书　　号	ISBN 978-7-5429-4448-1/B
定　　价	36.00元

如有印订差错，请与本社联系调换

前言

一谈到心理学，人们往往认为它深奥晦涩，其实不然。心理学是一门非常有趣而又玄妙的科学，我们无论在生活中还是在工作中，都离不开心理学，我们的成败和进退都可以用心理学作为指导。

比如，我们游走人间一世，到底追求的是什么？很多人会说快乐，的确，实现快乐正是生命的意义所在。那么，快乐是什么呢？快乐是一种心理感受，是人们的一种心理感知。快乐与否并不取决于外在的世界，而是取决于我们如何审视这个世界。如何获得快乐呢？这便是一个涉及心理学领域的命题——快乐法则。

当你刚刚从电影院出来到户外的时候，你会感觉到光线强烈得看不见东西，经过一个短暂的适应期后，才能看清户外的东西。这种现象就是心理学中的"明适应"。与此对应的是，当你从光线较强的地方进入黑暗场所的时候，你也无法看清周围，这种现象叫做"暗适应"。上述现象也是心理学领域之一。

在人际交往中，我们总是不自觉地对外表较佳的人怀有好感，乐于与他们交往，为什么美貌具有如此大的魔力呢？心理学中的光环效应给予我们合理的解释。人们都有这样的心理，如果一旦认可了某一个人的某一方面的优点，就会认为这个人在其他方面也很优秀。心理学探究被心理所操纵的社交法则，所以一些实用的社交法则能帮助我们在社交中做到知己知彼。

在传统的概念中，纳粹分子都被视为无恶不作之徒，但是他们真的是丧心病狂之辈吗？还是在他们的行为背后隐藏着某种社会心理学动机？心理学家经研究发现，纳粹分子的行为与自身的素质并没有关系，而是受到了权威效应的操纵。

当你逛便利店时，你会发现有的便利店把饮料放在商店的最里面。饮料应当是销量比较好的商品，为什么不把它们放在离顾客和大门挨着最近的门口，而是要摆放在最里面呢？原来这种做法是出于经济利益的考虑。把饮料摆放在店的最里面，当顾客去拿饮料的途中，自然会不自觉地逛一逛，看看其他的商品，从而增加了额外消费。这个有趣的现象反映了心理学在经济中的应用。

在生活中，为什么灯光昏暗的酒吧会成为爱情的滋生地？原来，这是黑暗效应使然，在光线比较暗的场所，约会双方彼此看不清对方的表情，很容易减少戒备感，产生安全感。在这种情况下，彼此产生亲近的可能性就会远远高于光线比较亮的场所。这就是爱情心理学中的规律，它揭示了爱情的科学性。

心理学所揭示的问题不仅仅上述这些，可以说，心理学几乎涵盖了人类社会方方面面的问题，揭示了社会和个体的种种真相。

《冷口味心理学》这本书以心理学规律和理论知识为依据，用通俗易懂的语言向我们介绍各种出彩的心理学领域中所涉及的"冷"知识。这些知识包含心理学规律、心理学依据、心理学效应、心理学现象等，同时用生活中的事例揭示了心理学知识在生活中的应用。如性格心理学、认知心理学、社会心理学、社交心理学、管理心理学、成功心理学、经济心理学、爱情心理学、情绪心理学等内容让你听上去认为觉得很冷门，那么这本书就是对这些"冷"知识最好的解读。

本书用简练通俗的言语和生动有趣的案例，从理论到实践，全面阐述了冷口味心理学在日常生活中的应用之道，帮助读者掌握并运用冷口味心理学的理念和规律引导自己走向成功，实现幸福人生。

目录

第一章　你不可不知的最重要的10大心理学常识

人格的构成：本我、自我、超我　/2
何谓性格：你是怎样对待生活的　/5
体液学说：气质的成因　/8
角色效应：为什么"男儿有泪不轻弹"　/10
角色定位：我塑造角色还是角色塑造我　/11
人性定理：人都是以服务于他自己为目的的　/13
"镜中我"理论：为什么"人言可畏"　/16
第六感觉：你所不了解的自己　/18
心理定势：都是思维惯性惹的祸　/21
归因：我们是如何看待世界的　/23

第二章　生活中最出彩的10大趣味心理学现象

光明思维术：幸运的人总幸运　/28
个人空间：人们乘电梯时为何总向上看　/30

责任扩散：你是冷漠的旁观者吗 / 32

潜意识思维：延缓衰老的进程 / 34

孩子的角色：出生顺序影响性格吗 / 36

巴纳姆效应：为什么你总会迷信星座运程 / 39

听众设计：为什么家长常常委婉地向孩子解释生理现象 / 50

信念偏见效应：爱需要证明吗 / 52

既视感：你为什么会对某些事物、某个场景感到似曾相识 / 54

社会促进：为什么与朋友一起减肥会获得更好的效果 / 55

第三章 让你人见人爱最受欢迎的10大社交影响力法则

首因效应：第一印象的重要性 / 60

曝光效应：遇到面熟的人会有亲切感 / 62

登门槛效应：先进门再提要求 / 65

契可尼效应：难以忘记初恋的秘密 / 67

适度原则：对朋友也要把握分寸 / 70

刺猬法则：人与人之间的距离 / 72

晕轮效应：情人眼里出西施的根源 / 75

名片效应：相似的态度和价值观有助于形成优质的人际关系 / 76

变色龙效应：模仿对方的身体语言，你会更受欢迎 / 77

鸡尾酒会效应：为什么你能在嘈杂场所听到自己的名字 / 78

第四章 让你脱颖而出的10大职场心理学黄金定律

PM理论：你的上司是什么类型 / 80

布利斯定律：事前想得清，事中不折腾 / 83

齐氏效应：打破持续工作的紧张感 / 85

彼得原理：每个人都想无限晋升 / 87

月曜效应：为什么会出现假期综合征 / 90

认知失调理论：为什么有的人会毕生从事不喜欢的工作 / 91
合法化效应：为什么人们总是难以承认自己的错误 / 93
印象管理：如何提高你面试成功的概率 / 94
包装效应：为成功而打扮 / 95
帕金森法则：为什么升职的总是那些不如你的同事 / 96

第五章　打造无往不胜一流团队的10大管理心理学法则

鸟笼效应：为了鸟笼买只鸟 / 102
权威效应：人微言轻，人贵言重 / 103
马斯洛效应：满足他人的不同需求 / 106
苛希纳定律：龙多不下雨，人多瞎捣乱 / 109
米格—25效应：团队是最佳的个体组合 / 112
蜂舞法则：管理离不开沟通 / 114
霍布森选择：小选择等于没选择 / 116
双因素理论：我们努力工作的真正驱动力是什么 / 119
强化理论：企业为什么要评选优秀员工 / 120
德西效应：你为什么沦为薪水的奴隶 / 122

第六章　全球富人们都在用的10大财富吸引力法则

鲶鱼效应：让财富快快增长 / 126
王永庆法则：节省一元钱等于赚了一元钱 / 128
马太效应：财富的积累需要基石 / 130
毛毛虫效应：培养获得财富的思维 / 133
睡眠者效应：脑白金广告为什么会导致产品的热销 / 135
选择性注意：为什么商家都会对眼球经济倍加推崇 / 136
名人效应：商家为什么热衷于名人代言 / 137
心理账户：为什么巨额奖金获得者再次沦为垃圾工 / 139

羊群效应：投资市场上的趋同性心理 /141

凡勃伦效应：富商为什么高调征婚 /142

第七章 战胜自己战胜挫败改变人生的10大成功定律

瓦拉赫效应：发挥自己的优势 /146

罗森塔尔效应：说你行，你就行 /148

自我实现的诺言：心想事成的秘密 /151

自我效能感：不要尘封你的梦想 /153

安慰剂效应：心理暗示的巨大力量 /155

标签效应：不要让别人的评价决定了你的未来 /158

拱道效应：为什么名校"盛产"优秀毕业生 /159

摩西奶奶效应：有志不在年高 /160

桑代克试误说：为什么说"失败是成功之母" /161

迁移效应：为什么很多明星都"演而优则唱" /163

第八章 为人处世用得到的10大积极社会心理学潜规则

社会角色：演好自己的角色 /168

斯德哥尔摩综合征：是个特例吗 /170

亲社会行为：人们为什么会帮助毫无关联的人 /172

场化效应：孟母为什么要"三迁" /174

从众行为：社会传统是如何形成的 /176

木桶定律：找出人生"短板"，纠正人性弱点 /177

库里肖夫效应：电影是怎么拍成的 /178

错误归属偏差：投资者为什么在天气晴朗的时候买入股票 /180

跷跷板互惠原则：投之以桃，报之以李 /181

自我展示：要摆谱，开高价 /184

第九章 最有效的调整心态掌控情绪的10大快乐心理学法则

"ABC理论"：你为什么不快乐 / 188

证实性偏见：为什么你会觉得在某一天坏事不断 / 190

共识偏见：你能知道鱼的快乐吗 / 191

视网膜效应：你是什么，你看到的便是什么 / 192

焦点效应：其实你没有自己想象的那么重要 / 193

哭泣效应：哭不一定比笑差 / 195

巴克斯特效应：植物也有喜怒哀乐 / 196

黑暗效应：为什么暗恋者通常借助烛光晚餐示爱 / 198

打烊效应：酒吧打烊有助于增加异性的魅力指数 / 199

异性相吸法则：男女搭配，干活不累 / 200

第十章 人人都要了解掌握的10大心理防御机制

"退回"机制：为什么大人偶尔也会表现得像个小孩 / 204

"潜抑"机制：痛苦也有滞后期吗 / 205

"反向"机制：为什么关爱的背面是嫉妒 / 206

"合理化"机制：自欺欺人是人类的本能 / 206

"隔离"机制：为什么表白用"I love you"而不是"我爱你" / 208

"理想化"机制：男人为什么将相貌一般的女友视为美女 / 209

"投射"机制：为什么有的人会"以小人之心度君子之腹" / 210

"幻想"机制：为什么有的人从集中营里活着出来 / 211

"补偿"机制：为什么相貌平庸的女子更容易获得事业成功 / 212

"升华"机制：为什么痴迷网络游戏的少年也可以有所建树 / 213

第十一章 掌控人生不可或缺的10大著名心理博弈论

出卖，还是合作——囚徒困境 / 216

搭个便车最省力——智猪博弈 / 220

别做最大的笨蛋——博傻理论 / 225

狭路相逢勇者胜——斗鸡博弈 / 230

从合作走向共赢——猎鹿博弈 / 235

放弃沉没的成本——协和谬误 / 240

讨价还价智慧大——蛋糕博弈 / 245

买的不如卖的精——信息博弈 / 249

与其两伤，不如双赢——零和游戏原理 / 254

想到百步之后——蜈蚣博弈 / 257

附　录　世界著名的十大心理学派及代表作

内容心理学派 / 268

意动心理学派 / 269

构造主义心理学派 / 270

机能主义心理学派 / 270

行为主义心理学派 / 271

格式塔心理学派 / 272

精神分析心理学派 / 273

日内瓦学派 / 275

人本主义心理学派 / 276

认知心理学派 / 277

第一章
你不可不知的最重要的10大心理学常识

【本章心理学冷知识关键词】
人格｜性格｜体液学说｜角色效应｜角色定位｜人性定理｜"镜中我"理论｜第六感觉｜心理定势｜归因

人格的构成：本我、自我、超我

2008年7月1日，北京籍男子杨佳带着一把20多厘米长的单刃剔骨刀，闯入上海市闸北区政法办公大楼，用刀连续袭击9名警察和1名保安，导致6名警察死亡，3名警察和1名保安受伤，而后被制服。

被擒后，他没说一句话，只是不断喘粗气，喉咙里发出"嘀嘀"的低吼声，双眼通红，手上沾满鲜血，白色T恤的左半部已被鲜血浸湿。脚底下，是那把20多厘米长的单刃剔骨刀，带着血。

在紧急支援的持枪特警出现之前，被多位民警制服的杨佳暂时被反铐在办公室内。一支枪对准了杨佳。他终于开口："你开枪把我打死吧，我已经够本了。"没有任何忏悔的意思。

一位权威人士透露，在一度拒绝配合警方录口供之后，杨佳首度解释犯案动机的第一句话赫然是："有些委屈如果要一辈子背在身上，那我宁愿犯法。任何事情，你要给我一个说法，你不给我一个说法，我就给你一个说法。"

看到这则新闻的时候，人们在感到震惊之余，不禁产生疑问：为什么会发生这种事？

根据司法部司法鉴定科学技术研究所的评定，杨佳并不存在精神问题，也不是精神分裂，意识也很清醒。从目前情况看，很有可能是人格上有问题。据此，心理专家分析，杨佳可能是偏执型人格和攻击型人格的结合体。

专家所说的"杨佳可能是偏执型人格和攻击型人格的结合体"，意思是说，他的人格出了问题，有了障碍。人格有障碍的人是一个不完整的人。所以，我们常常听到一些骂人的话也常常与"人格"搭上边，如：

"你的人格不健全！""人格有缺陷！""你有人格障碍！"

如果我们听到别人对自己这样的评论，我们会不假思索，本能地反击过去——"你的人格才不健全呢！""你的人格才有问题呢！"很显然，他人说我们人格有缺陷，并不是什么好事，也是我们极力否认的；而当我们听到他人赞扬我们有"人格魅力"的时候，我们常常会欣然接受，并高兴不已。

那么，到底什么是人格呢？

人格通俗被称为个性。这个概念源于希腊语Persona，原来主要是指演员在舞台上戴的面具，类似于中国京剧中的脸谱。后来心理学借用这个术语来说明：在人生的舞台上，人们也会根据在戏中扮演的角色的不同而戴上不同的面具，这些面具就是人格的外在表现。摘掉面具后才是真实的真我，即真实的人格，它可能和外在的面具截然不同。

在心理学上，由于心理学家各自的研究取向不同，对人格的看法也有很大差异。一般来说，人格是一个人的独特思维、情感和行为模式。每个人都是由独特的才智、价值观、期望、感情、仇恨以及习惯构成，这就使得我们形成了一个与众不同的自己。人格不仅具有独特性，同时也具有稳定性，这也决定了你以前是什么样，现在和将来都是什么样。

奥地利心理学家弗洛伊德将人格分为"本我"、"自我"和"超我"三部分。

"本我"是人出生时就有的固着于体内的一切心理积淀，是被压抑的、非理性的、无意识的心理本能，如生命力、内驱力、本能、冲动、欲望等。它就像一个小孩子一样，不考虑其他因素，只想满足自己。

"超我"与"本我"相反，是人格系统中专管道德的"司法部门"。它凌驾于"自我"之上，仿佛是社会道德训条、高尚道德的代表，来监督控制"自我"。它遵守的是一种道德原则。它就像一个执法机关，随时监督你的道德准则和行为。

"自我"则介于"本我"和"超我"之间，是一个人后天学习形成的，是对自身与社会的理智的认识。它正视现实、符合社会需要、按照常识和逻辑行事。它遵照现实原则，压抑"本我"的种种冲动和欲望以进行"自我"保存，另外也尽量使"本我"得以升华，将其盲目冲动、欲望引入社会认可的渠道。比如，抑制自己的欲望。虽然饿，但知道什么能吃，什么不能吃。这都是"自我"的控制和压制。

然而，"自我"、"本我"和"超我"三者之间是不稳定的，有时候会出现此消彼长的情况。如果把握不好，就容易产生人格问题。

刘薇今年25岁了，至今还没有男朋友。主要是因为她家教比较严，父母亲不让她在外面胡乱认识男人，他们说，碰到合适的会给她介绍。在他们看来，主动地去找男朋友的女孩都比较轻浮。刘薇也认为父母说得有道理。于是刘薇将那些追求者全部打入"冷宫"，不再来往。

但在生活中，刘薇很想引起男性的注意。一个偶然的机会，她结识了一个网友，每天他都准时上网。她感觉和这个朋友聊天很放松，生活中遇到的事都给他说，有的时候甚至想打电话。刘薇自己有时候也纳闷：我一面排斥男人一面又想引起他们的注意，是不是我有什么毛病？

当然了，刘薇没有什么毛病。这只是她在人格上的一种冲突。一方面，她觉得应该听父母的话，自己要做个守规矩的女孩，不能在外面瞎谈朋友，不能影响了自己的名誉；另一方面，她希望被异性欣赏与接纳，所以在与男性电话聊天时满足了心理需要，所以她就会出现一方面拒绝男性的追求，一方面又想打电话给他。这就是她的"本我"与"超我"在不断地斗争。

刘薇需要做的是逐步改正自己的观念，毕竟现在不是封建社会，女孩子也可以有正常的男女交往；另外，交往中也要自重，避免轻浮。总之，要协调好"本我"和"超我"之间的关系，掌握好其中的平衡，尤其要避免走向两个极端。

一个真正健康的人格中，"自我"、"本我"、"超我"这三个组成部分必须是均衡、协调的。我们要使自己有一个完善、健康的人格，就应该学会平衡和协调"自我"、"本我"和"超我"这三者的关系。

何谓性格：你是怎样对待生活的

一只公鸡早晨起来报晓，声音嘹亮。天亮后，被主人捉来杀了。

第二天，又有一只公鸡早晨起来报晓。天亮后，又被主人捉来杀了。

邻居感到很疑惑，问道："这些公鸡每天报晓都挺准时的，你为什么要杀它们？"

那人说："早晨我喜欢晚起，它们叫得太早了。"

邻居说："这不是它们的过错，公鸡报晓是天生的，你难道不能用另外一种方式来解决问题吗？"

"这个很难，"那人说，"我曾想割掉它们的嗓子，后来又想扎上它们的嘴，可这样太麻烦，而杀掉它们却很省事。"

"那你为什么不改变一下睡觉的习惯呢？"邻居疑惑地问。

"改变我的生活习惯，这怎么可能呢！我是主人，它们应该按照我的要求。"那人说。

于是那人一直保持着杀鸡的习惯。

公鸡很可悲，竟然遇到了一个愚蠢的主人；这个主人更可悲，因为他总期待外在事物都能按自己的需求而改变，愚蠢而不自知。

在生活中，我们常会遇到一些挫折与麻烦。如何解决，用什么样的方式去对待，都取决于每一个人的性格。有许多人遇到麻烦就怨天尤人，总是寄希望于外在的事物发生改变来使事情变得顺利。其实，人生不如意事十有八九，幻想一切事情都随自己的心意，这是不现实的。我们要学会从自己开始作出变化，才能使人生变得顺利。

我们常听人说：性格决定命运。生活中的诸多矛盾和冲突皆源于我们的性格。性格直接影响着一个人的行为方式和生活习惯等众多方面，因而我们在决定自己要做什么，和怎样去做的时候，首先要去认识自己的性格。然而，什么是性格？

翻翻心理学教科书，我们会发现这样的定义：性格是人对现实的态度和行为方式中比较稳定而具有核心意义的个性心理特征。

拿一个男人来说，他对信仰忠诚、热爱，对学习工作认真踏实，对志同道合的朋友经常表现出和蔼可亲，对自己始终谦虚谨慎。像这种对事业、对学习、对朋友和对自己所表现出来的稳定的态度和相应的行为方式，如果经常贯穿在他的行为的全部过程中，这些态度和行为方式就构成了这个男人的性格特征。至于那些偶尔表现出来对某种事物的态度和一时一事的举动，就不能构成他的行为特征。仍以此人为例，他本是一个勇敢的人，但在某些情况下也可能出现一丝犹豫和震惊，但不能因此就说他是个懦弱者。

反过来说，一个总是畏首畏尾的人，在激怒的情况下，也可能做出冒失的举动，我们也不能因此就说他是个勇敢的人。

性格在其个性心理特征，如兴趣、能力、气质等方面，是相互影响的，而性格在其中起着核心作用。性格左右着兴趣的发展方向，也制约着能力的发展方向，也制约着能力的发展水准。

性格不是天生的，而是后天获得的，它是在家庭、学校及社会教育的影响下，通过自身的实践逐渐发展起来。性格一旦形成，就比较稳定，但不是一成不变的。实际上，一个人的性格总是在社会实践中通过自我调整而发展改造的。因此，性格具有可塑性。

晓晶，22岁的漂亮女孩，正在读大三。晓晶最近很苦恼，绝大部分苦恼来自人际关系。

准确地说，晓晶的人际关系问题，恰恰在于几乎没有人际关系。例如，她的宿舍里一共有六个女生，刚来的时候大家互不相识，个个奉行"等距离外交"政策。时过不久，另外的五个女生就扎成了堆儿，晓晶成为孤家寡人。经常的情形是，那五个女生一起去上自习、逛街、看电影，晓晶则一个人待在宿舍里。那五个女生不是有意拒绝晓晶，而是忘记了她、忽略了她，仿佛她是寝室里可有可无的人。

韦老师注意到了这一情况，决定与晓晶进行一次谈话。在谈话的过程中，晓晶眼睛不看韦老师，就那样一字一句地说着，仿佛是对着墙壁说话，也好像她的心理咨询老师如空气似的。由此，韦老师就断定：这个女孩正处在严重的心理危机之中。

韦老师根据掌握的情况，决定对晓晶进行心理引导，以期达到性格塑造的目的。

韦老师给自己定的对晓晶的咨询原则是：不要忽略她、忘记她，而要重视她、记住她。在咨询的过程中尽可能认真地听晓晶说话；在手机上设置闹钟，闹钟在晓晶咨询前一小时响；长假期间保持一周两次电话联系；等等。总之，要让晓晶从骨子里感觉到，这个世界上有一个人重视她、记得她，她也有一个人可以记住和想念。

在最后一次咨询中，晓晶告诉韦老师，她暗恋一个男孩。韦老师听了很高兴，因为，一个人心里能够装着另一个人和已经装了另一个人，那以后的路就会好走多了。她默默地祝福晓晶。

韦老师针对晓晶性格的治疗，也是改变晓晶命运的措施。童年时期家庭关系对人的影响就像是在白纸上描画的底色，要修改真的不容易。好在晓晶、韦老师都做得很好，至少晓晶变得快乐了，而且开始有了一些人际交往。

性格决定命运，命运影响终身。因此，请相信性格的力量：相信性格是可以改变生活和命运的，相信我们的性格决定着我们的事业前程与生活质量，相信培养一个良好的性格将使我们终身受益，相信命运掌握在自己的手中，相信改变性格就能改变命运。

体液学说：气质的成因

公元前430年，雅典发生了可怕的瘟疫，许多人突然发烧、呕吐、腹泻、抽筋、身上长满脓疮、皮肤严重溃烂。患病的人接二连三地死去。瘟疫为雅典城带来了破坏性后果，很短的时间内，雅典城中便随处可见来不及掩埋的尸首。对这种索命的疾病，人们避之唯恐不及，大家都纷纷求助神灵保佑。就在瘟疫肆虐之际，一位来自希腊北边马其顿王国的御医来到了雅典城，他一面调查疫情，一面探寻病因及解救方法。不久，他发现全城只有一种人没有染上瘟疫，那就是每天和火打交道的铁匠。他由此设想，或许火可以防疫，于是他建议全城各处燃起火堆来消灭瘟疫。

这位御医就是被西方尊为"医学之父"的古希腊著名医学家、欧洲医学奠基人希波克拉底。其主要著作为《箴言》和《语言的艺术》。卡斯蒂廖尼在《医学史》中评价：希波克拉底使数个世纪以来的知识理想化。

在希波克拉底有价值的一生中，希波克拉底最大的贡献是把医学从宗教和迷信当中分离了出来。他说，所有的疾病都不是神灵的作用，而是有自然的原因的。那时，古希腊医学受到宗教迷信的禁锢。巫师们只会用念咒文，施魔法，进行祈祷的办法为人治病。为了抵制"神赐疾病"的谬说，希波克拉底积极探索人的肌体特征和疾病的成因。在恩培多克勒的"宇宙论"启发下，提出了著名的"体液学说"。他认为复杂的人体是由血液、黏液、黄胆、黑胆这四种体液组成的，四种体液在人体内的比例不同，形成了人的不同气质：

1. 多血质

多血质又称活泼型，这类人敏捷好动，善于交际，在新的环境里不感到拘束。在工作学习上富有精力而效率高，表现出机敏的工作能力，善于适应环境变化。在集体中精神愉快，朝气蓬勃，愿意从事合乎实际的事业，能对事业心向神往，能迅速地把握新事物，在有充分自制能力和纪律性的情况下，会表现出巨大的积极性。兴趣广泛，但情感易变，如果事业上不顺利，热情可能消逝，热情消逝的速度与投身事业的速度一样快。对于这类人，从事多样化的工作往往成绩卓越。

2. 黏液质

这种人又称为安静型，他们在生活中是一个坚持而稳健的辛勤工作者。具有这种气质类型的人行动缓慢而沉着，严格恪守既定的生活秩序和工作制度，不为无所谓的动因而分心。黏液质的人态度持重，交际适度，不作空泛的清谈，情感上不易激动，不易发脾气，也不易流露情感，能自制，也不常常显露自己的才能。这种人长时间坚持不懈，有条不紊地从事自己的工作。其不足是有些事情不够灵活，不善于转移自己的注意力。惰性使其因循守旧，表现出固定性有余，而灵活性不足。

3. 抑郁质

抑郁质的人一般表现为行为孤僻、不太合群、观察细致、非常敏感、表情腼腆、多愁善感、行动迟缓、优柔寡断，具有明显的内倾性。

4. 胆汁质

胆汁质的气质特征是外向性、行动性和直觉性。这类人具有强烈的兴奋过程和比较弱的抑郁过程，情绪易激动，反应迅速，行动敏捷，暴躁而有力；在语言、表情、姿态上都有一种强烈而迅速的情感表现。这种人的工作特点带有明显的周期性，埋头于事业，也准备去克服通向目标的重重困难和障碍。胆汁质人一旦就业，往往对本职工作不那么专注，喜欢跳槽，倾向于经常更换工作单位，渴望成为自由职业者。比如作曲家贝多芬和亨德尔就是此类气质型，这种气质反映在音乐风格中，多有慷慨激昂的激情，有崇高的英雄主义情绪，有突发的强音迸发出强烈的感情。这种类型的人的不足是缺乏自制性、粗暴和急躁、易生气、易激动，因此要注意在耐心、沉着和自制力等方面的心理修养。

角色效应：为什么"男儿有泪不轻弹"

现实生活中，人们以不同的社会角色参与家庭活动和社会活动，这种因角色不同而引起的心理或行为变化的现象被称为**角色效应**。

有位心理学家通过观察发现：两个同卵双生的女孩，她们的外貌非常相似，在同一个家庭中长大，从小学到中学，直到大学都就读于相同的学校，在同一个班级读书。然而，这对双胞胎的性格却大为不同：姐姐性格开朗，具有自主意识，喜好交际，待人主动热情，处理问题果断，较早地具备了独立工作的能力；而妹妹遇事缺乏主见，惯于依赖他人，性格内向，不善交际。

对于这个现象，心理学家非常感兴趣，他经过研究后发现，双胞胎姐妹之所以会性格迥异，主要原因是她们充当的"角色"不一样。在她们成长的过程中，父母对待双胞胎的态度截然不同，虽然她们是孪生姐妹，但是父母对她们进行了不同的角色划分：姐姐应该照顾好妹妹，要对妹妹的行为负责；妹妹则必须听姐姐的话，遇事多与姐姐商量。长此以往，姐姐逐渐培养起独立解决问题的能力，时时都扮演着妹妹的"保护人"角色，妹妹则理所当然地充当着被保护的角色。

可见，被赋予了不同的角色是造成双胞胎姐妹性格迥异的主要原因。在现实生活中，我们也常会发现，那些有弟弟妹妹的人一般在性格上更加独立，更加有担当性，不经意中就会流露出照顾人的天性。

除了家庭关系赋予的角色外，社会以及团队对个体所赋予的角色的特征对人们的心理和行为也有很大的影响。日本心理学家长岛真夫等人，研究了班级指导对"角色"加工的意义。他们在某小学五年级的一个班上进行了实验。这个班共有47名学生，他们挑选了在班级中地位较低的8名学生，任命他们为班级委员，在他们完成工作任务的过程中给予适当的指导。一个学期结束后，心理学家们发现这8名学生在班级中的地位发生了显著的变化——第二学期选举班干部时，这8名学生中有6名又被选为班级委员。另外，他们也观察到这6名新委员在性格方面，诸如自尊心、安定感、明朗性、活动能力、协调性、责任心等方面都发生了积极的变化。

上述现象也是一种角色效应，当人们被赋予某种角色后，为了不辜负社会和他人对自己的期望，他们便会不自觉地按照角色规范来要求自己，在角色期望和角色认知的基础上，采取相应的角色行为。

人们常说"男儿有泪不轻弹"，固然在性格素质方面，这有男人比女人更坚强的因素存在，但是究其根本，还是因为男人受限于自己社会角色和家庭角色原因，不得不克制自己的软弱罢了。在社会和家庭中，男人一直被赋予为强大、敢于承担的形象，为了匹配这种形象，即使遇到挫折和坎坷，男人也常常会强忍着自己的脆弱，至少不会让他人看见自己的眼泪。

角色定位：我塑造角色还是角色塑造我

1973年，心理学家津巴多做了一个著名的"监狱模拟实验"。他和助手在美国的斯坦福大学心理学系建了一个模拟的监狱，招募大学生自愿来充当实验者，并且提供一定的报酬。前来报名的大学们自愿通过掷硬币的方式确定自己扮演的角色，有的充当狱警，有的充当犯人。津巴多原本打算用两周的时间来进行实验。在实验期间，被测试的这些学生都穿着和现实生活中的狱警和囚犯相同的衣服，扮演狱警的学生每人还配发了一支警棍。出乎津巴多预料的是，这些学生很快就进入了角色，扮演狱警的学生逐渐变得性格暴戾，并且想出各种办法羞辱和控制"犯人"，而那些扮演囚犯的学生则变得无助，甚至是沉默。

尽管他们所有人都知道，这仅仅是一项心理学实验，但角色的力量是如此强大，以至于所有参与实验的人都被角色所控制，失去了他们原有的面貌。最后，津巴多不得不在第六天就结束了实验，并且在此后的数年跟踪辅导这些学生，以消除实验对他们的心理造成的伤害。

案例中所提到的实验听起来似乎有些毛骨悚然。然而在现实生活中，我们都在被社会、家庭等因素所规定，成为其中的一个角色。所以，与其说人们是作为个体生活在社会中，不如说我们是一个角色的动物，每天我们都在按照社会文化所规定的角色行事。

美国著名心理学家戴维·迈尔斯曾提到：性别的社会化给了男孩子和女孩子不同的角色。社会赋予女孩子"根"，赋予男孩子"翅膀"。的确如此，尽管不同国家间的文化差异有时会很大，但是在任何一种文化中，女性都承担了更多的家务和养育后代的工作，而男性则更多地在外面的世界中闯荡。对于我们来说，上面所说的这些已经是生活中司空见惯的事情了。事实上，这是我们的社会为男性和女性规定的性别角色。

安吉是家中最小的孩子，因为在家里有哥哥姐姐，什么都让着她。家里每个人都把她当成小孩子，安吉也一直认为自己是个孩子。从小到大在班里年龄也是比较小的，同学也把她当成小妹妹看，很多方面也都让着她，于是她对别人有了很强的依赖感。平时和家人或者是要好的朋友一起出去的时候通常她只是个陪同，很少开口说话。妈妈常常说她太内向，经常发愁她将来怎么在社会上生存。

长大成人了，安吉找了个疼爱她的男朋友，恋爱、结婚，后来，做了母亲。

刚开始，安吉总也不愿承认这是个现实：原来一切都围着自己转，现在一切都围着这个"小不点"转；原来自己经常看看电影，找好朋友逛街，现在只能趁孩子睡觉时看看影碟；自己想回单位上班，因为孩子没法照顾，遭到老公的坚决反对，所以只能窝在家里。

后来，母亲教会了安吉怎样做一个合格的母亲。渐渐地，在上班时，安吉总是念念不忘孩子的感冒好点了没有；下班后，一刻也不耽误，到商场买袋奶粉就打车回家；在平时和同事们的闲谈中，总是请教孩子不好好吃饭该怎么办……到了晚上，和老公一起规划着孩子的未来。

一段时间过后，安吉适应了自己的角色，成为一个合格的母亲和妻子。

角色的作用是潜移默化的。以前和家人一起，安吉认为自己是个孩子，把什么事情都推给父母、姐姐哥哥，依赖着他们；当有了自己的孩子，于是安吉成为了母亲的角色，她要去照顾人，将来也要成为孩子的依靠。每个人在自己不同的角色中都有着不同的表现，甚至是相反的。社会规定了孩子的角色是受父母照顾，赋予父母的角色是照顾孩子。

一个人不可能凭空出现，任何人只要生活在社会上，就不可避免地受到社会的影响。一个人的人格与个性是受社会诸多条件的影响而形成的，而童年是人格和个性的形成阶段，在人的一生中非常重要，幼年受到的影响将会直接影响到他或她以后会成为一个怎样的人。

社会角色是人的社会规定性依据，当我们踏入社会的时候，我们就会不由自主地按照社会的规范去行动。当身为母亲时，母亲这个角色要求我们去照顾孩子、教育孩子；身为丈夫时，丈夫的定义要求我们去承担照顾妻子和家庭的义务。

人的社会规定性的集中体现就是人的权利和义务。因此，社会角色是人的权利和义务的基础。人在社会中扮演什么角色就有什么样权利和义务，有什么样权利和义务同时又标志着人在社会中扮演什么角色。显然，一个人承当的社会角色越多，他或她的权利或义务也相应地就越多。人的权利越多，自由度就越大，人实现自己利益和价值的机会就越多。

人性定理：人都是以服务于他自己为目的的

人性定理也叫主体人自我肯定原理，指的是任何一个健康的人的任何一个行为,都是以服务于他自己为目的的。

"人性定理"有如下内涵:

1. 自我意识

人都有关于自我的意识,深知自我是不同于他人、他物的一种独立存在,并能准确地感知自我与非我的边界,有明确的主体我与客体他人、他物的区分和界定。

2. 自我决策

即人都具有行为选择自由,没有什么外在力量,可以无条件地决定主体我只能是什么,而不能是什么。主体我是什么,是主体我自我决定和自我选择的结果。

3. 自我肯定

人活动的目的是寻求自我肯定。这种自我肯定表现为,任何一个健康的人,他的任何一个行为,都只是服务于他自己特定的目的,无论多么高尚的人,都不例外。自我肯定的内容包括生存需求(有)的满足、自我价值(能)的实现和自我价值判断(善)的实现。

4. 自我中心

人都以自我为中心,并视世界万事、万物为与主体我对立的客体。它们的意义和价值都是由主体我赋予的,是它们能够被用作主体我自我肯定的工具,服务于自我肯定的目的。

5. 欲望无限

人在确知生存需求(有)的欲望,不可能永恒地满足时,开始转向自我价值实现(能)、自我价值判断实现(善)的追求,并力求通过这两种欲望的满足,来获得生存的意义和价值,通过精神生命的获得,来延长短促的肉体生命。这后两种欲望,不会像吃饭一样有饱的满足。

6. 自我异化

人作为一种动物,总是向往安逸,在没有外部环境压力的作用时,会沉醉于动物本能满足的肌肤之利,而销熔自我,使对自我肯定的寻求,异化为一种自我否定，像吸毒者一样，为了片刻的虚幻体验，毁掉自己的身体健康。

关于人性理论，马克思在哲学层次对其进行了研究，马克思认为人不是抽象的、一般的、宗教的、空洞的人，而是现实的、真正的、能动的人，并提出了"人不是脱离社会实践的、抽象的、'类'的本质的人"，"人是社会关系的总和"的观点。

1. 人不是抽象的人，而是现实的人

马克思的人性理论首先是现实的。在《一般意识形态，德意志意识态》中，马克思写道："……但这里所说的个人不是他们自己或别人想象中的那种人，而是现实中的个人，也就是说，这些个人是从事活动的，进行物质生产的，因而是在一定的物质的、不受他们任意支配的界限、前提和条件下能动地表现自己的。"

马克思以前的哲学家都认为"人"是抽象的，马克思主义哲学对此进行了批判。"哲学家们在已经不在屈从于分工的个人身上看见了他们名之'人'的那种理想，他们把我们所描绘的整个发展过程看做是'人'的发展过程，而且他们用这个'人'来代替过去每一历史时代中所存在的个人，并把他描绘成历史的动力。"因而，人也就成了抽象的、"类"的人的本质。

2. 人是真正的人，能动的人

马克思讲的真正的人是有别于西方的宗教化了的、抽象的、一般的、理想化了的人。马克思讲道："德国哲学从天上降到地上；和它完全相反，这里我们是从地上升到天上，就是说，我们不是从人们所说的、所想象的、所设想的东西，也不是从只存在于口头上所说的、思考出来的、想象出来的、设想出来的人出发，去理解真正的人……"

马克思坚决反对将人看成是僵化的、呆板的、不变的、被动的人。被动的、僵化的、没有创新性的人无疑只是动物而已；但人有其独特的能动性和创造性。人不仅仅是环境和教育的产物，"人创造了环境，同样环境也创造了人"。"环境正是由人来改变的，而教育者本人一定是受教育的。""环境的改变和人的活动的一致，只能被看做是并合理地理解为革命的实践。"

3. 人是社会关系的总和

马克思主义的人性理论认为，人不是单个的、抽象的个人，人是历史的、社会的、现实中的人。

"镜中我"理论：为什么"人言可畏"

关于我们如何获得自我认知，很重要的一个参考标准就是他人对自己的评价。比如当一个人被上级评价为聪明能干时，都会变得心花怒放，但是如果部门主管指着某个下属的脑袋，做出"朽木不可雕"的负面评价，这名下属最可能的反应就是心情沮丧，觉得自己不太可能有什么好的发展前景。他人对自己的态度犹如一面镜子，我们从中获知自己的形象定位，并从而形成自我概念，这便是美国社会心理学家库利所提出的"镜中我"理论。库利认为，人们通过与其他人的交往形成自我观念，一个人对自己的认识是其他人关于自己看法的反映，人们总是借助别人对自己的评价形成关于自我的观念。也就是说，一个人如何看待自己，往往是由别人对自己的态度所决定的，由此获得的关于自我的印象被称为"反射的自我"、"镜中我"。在心理学领域，这种现象也称为镜像效应。

那么，为什么会出现镜像效应呢？主要原因有如下三个方面：

1. 社会化的结果

所谓的"社会化"，主要是指首属群体对个体的影响。一个人来到社会后与生俱来的只是生物人，这种生物人要变成思想情感丰富的社会人，必须经过社会化，而这种社会化主要就是个人在社会生活实践中通过与他人、群体与社会之间的互动影响，从而成为合格社会角色的过程。其中影响最大最早的群体就是首属群体，如狼孩的首属群体是狼群，社会化的过程是狼群"社会化"的过程，其结果在狼孩大脑中只能形成自我的狼孩概念。但对绝大多数人来说，首属群体是家庭，家庭中父母是重要的影响人物。库利所言的"镜"，也是各色各样的，其中形成"镜中我"最为重要的"镜"是家庭，有些镜子对个体的作用十分有限。

2. 个体对"镜子"的认知与评估作用

正如上述所言的，个体只对重要的"镜子"作出反应，而对一些不重要的"镜子"便会作出忽略不计的反应，使之不能进入"自我"。这就是说，从他人镜中反映出来的我，只有经过生理我、本我、或已有自我的想象、评价，才会被"自我"所接受，形成"自我概念"。可见，"镜子"虽然重要，但如何照、如何看也很重要。可以说，"镜中我"并非个体所照看到的"我"，已被原有"自我"解读过的"我"。

3. "镜中我"还与"镜外我"的地位、身份、名誉等有关

按理说，"镜中我"与"镜外我"应是一致的，但是"镜中我"经过这面镜子一照，就有了许多光的折射，使"镜外我"变形，但个体不通过镜子自己又无法看到"镜外我"，即使能去看（如反省、反思等），也会受到其他因素（如原有的自我、经验、认知结构等）的影响，也无法真正看到镜外的我。因此，唯一的方法就是用许多面镜子来照，这样全方位的照看，会使"镜中我"与"镜外我"逐渐融合。上述可见，"镜外我"的地位、身份、名誉等会对镜像效应产生重要的影响。

库利的"镜中我"概念将自我意识分为三个阶段：

（1）设想自己在他人面前的行为方式；

（2）做出行为后，设想他人对自己行为评价；

（3）根据自己对他人的评价的想象来评价自己的行为。

比如说，关于你自身究竟是一个什么样的人——是外向还是内向，是热情如火还是冷漠像冰，是思维严谨还是擅长粗线条思考——如此种种的自我判断，虽然你自身可以形成一套认知态度，但是你会更多地参考他人

的意见，尤其是那些你比较认可的、权威人士的意见。比如，如果你的老板说你在IT行业发展，将难以出人头地，他认为你在交际方面更有天分，是一个不可多得的销售界潜力股，你很可能会质疑自己目前的职业选择，甚至改弦易辙，作出更改职业方向的决定。

通过"镜中我"理论，便可以理解为什么"人言可畏"了——如果一个人没有强大的内心，多会被他人的评价所左右，从而按照他人的评价去认知自己，以致认为自己真的是他人口中所说的样子。假如这些评价是负面的话，自然会导致个体陷入自我怀疑或自我憎恨中，难以排解恶劣的情绪。

第六感觉：你所不了解的自己

1998年，《检察日报》的《广角镜》栏目曾经刊登过一篇文章。文章的题目是"凭直觉，我断定他无罪"，写的是一个名叫切尔瓦克的人，被一个13岁的"被害人"指控性骚扰。被告也未能通过测谎仪的测验。一位充当本案陪审员的汤姆斯先生，先屈服于其他陪审员的意见和压力，对有罪判决违心地投了赞成票；其后误判的念头萦绕脑海，使他寝食难安，于是走出了令人惊讶的一步：这位生活俭朴的老人自己拿钱，请律师为已被判刑十年的该案被告切尔瓦克提起上诉。最终二审法官否决了原判。而后，所谓的"被害人"也撤回了自己的指控，切尔瓦克无罪释放。

汤姆斯成了当地的英雄，他的良知和勇气为全国称颂。当人们问他为什么要这样做时，他说只是凭他的直觉，他凭直觉感到这像"精心安排的骗局"。事实是，13岁男孩捏造了罪名以避免自己的母亲与被告结婚。

这个事例告诉我们，人类的一些心理活动和现象是如此的神秘，即使科学也没法解释。其中，最重要的一项就是直觉。汤姆斯凭直觉识破骗局，这确实令人感到惊讶。

直觉也被称做第六感觉。许多人都有过这样的经历：有人走进房间，能自觉感受到哪些地方有问题，有差异；从细小的地方，感受到一些东西，得到一个整体的印象，尽管很难用语言表达出来；或者，准备做什么事情的时候，会预料到有什么事情发生，而在进行的时候，真的发生了！

有的人把这种真实感觉当做个人行动的"私人向导"，将其看做智慧的一部分，于是倾听并相信这种给人引导的直觉。

这种感觉超出了一般的视觉、听觉、触觉等的范围，似乎是神秘的、无法解释的。其实，在这些事情的背后，都有大脑无形的运作。我们得到的直觉，更多的是大脑从生活中进行推演的结果。这个过程是在大脑感知区域进行的，而不是认知区域，所以我们并不能理解为什么是这样，但是我们就会觉得是这样。

17世纪的哲学家兼数学家帕斯卡关于直觉说过这样一句话："心灵活动有其自身的原因，而理性却无从知晓。"经过三个世纪，这一观点得到了证实，并且得到了进一步的确认。要知道，在我们的思维中，自动的那部分要比主动的多很多，这些自动的思维是我们无法把握的；而这些自动思维的外显，在生活中就构成了直觉，而生活又为直觉提供了"土壤"。

所以，当我们面对一些危险事情的时候，大脑就会从那些已经得到的"生活"中给我们一些警告。比如，当我们害怕一个人的时候，身体就会在大脑的支配下，出现一系列不舒适的信号：起鸡皮疙瘩、胸口发冷、恶心、手心出汗等。相反，如果我们面对一个人感到安全的时候，身体就表现得比较舒适，比如肩膀放松、胸口感到温暖，整个身心都会比较轻松。

"二战"时期，美国著名超心理人士塞西(Edga Cayce)曾帮助一些人预知他们的亲人在战场上的安危。他能准确感知当事人在战场上阵亡，这曾使塞西感到十分痛楚。这种现象叫做遥感(telepathy)。英国一项调查显示80%的人曾经有过遥感经历：比如正在想某人时，对方来电话了。一项实验显示，遥感不能用巧合来解释，而是统计学上的"真实"。

另外，1948年，苏联的一位超心理人士迈兴(Wolf Messing)到阿什哈巴德(Ashkhabad)作表演。他刚到这座城市，一种强烈的不安就迫使他马上离开。他便放弃表演离开了，三天后，一场大地震降临阿什哈巴德，造成五万人丧生。

有些人天生敏感，他能够在事件发生之前感觉到异常的现象，于是，直觉也就能够起到避祸的作用。这种看似传说中的"超能力"，着实让人羡慕。

不过，千万不要以为直觉可以解决一切问题，毕竟所有的直觉都不是偶然获得的，是我们长期积累的结果。这就是为什么象棋大师一眼就可以看到什么是关键的棋子，而新手却要经过很长时间的磨炼，才会有这样的直觉。

另外很重要的一点，直觉并不总是可靠的。准确地说，人们往往会把一些非理性的判断统统归结为直觉。英国威尔士大学研究员奥利弗·特恩布尔博士说："无论你对直觉的态度如何，当你心烦意乱时，更可能作出非理性的选择，并相信自己的判断是真实的。"说得其实很有道理。

有一则笑话：

有一天，教师早自习的时候去教室，看到两个学生枕着书在睡觉。其中，一个是成绩优秀的学生，另一个是差生。教师把那个差生拉起来骂道："你这个不思上进的家伙，一看书就睡觉，你看人家连睡觉都在看书！"

另外有一个故事：

一个人说："和我同年同月同日出生的那个各方面条件都很不错的女同学今年都三十三岁了，可到现在还没有找到谈恋爱的对象，真替她着急。"另一个人马上接口道："是不是那个女的有什么问题？"

还有：

一日，老公回家比较早。到家后发现门虚掩着。于是不由分说地责怪自己的太太这么不小心，出门时不把门锁好。几日后，老公发现家里连续两天都丢东西，这才明白有小偷光顾，太太没有锁门的不白之冤方才得以澄清。

直觉，其实受个人知识、经验、经历所左右，在第一时间形成时往往过于主观。因而在接受直觉时一定要慎重，不然会在处理问题上产生偏激的方法或是犯下更为严重的错误。

心理定势：都是思维惯性惹的祸

关于什么是心理定势，在介绍之前，先请你回答如下几个问题。

（1）一个桌子有4只角，砍去1只角，还有几只角？

"心理定势"告诉你：3只。正确答案：5只。

（2）树上有3只鸟，用枪打下来1只，树上还有几只鸟？

"心理定势"告诉你：2只。正确答案：0只，全吓走了。

（3）不许用任何数学符号，把三个1组成尽可能大的数，这个数是什么？

答案很明显，是"111"。

（4）不许用任何数学符号，把三个2组成尽可能大的数，这个数是什么？

"心理定势"告诉你：大概是222。然而，错了！正确答案是2的22次幂。

（5）不许用任何数学符号，把三个3组成尽可能大的数，这个数是什么？

经过前两个题目，这时"心理定势"也许会告诉你：看来绝不是3的33次幂。事实上，你又错了！正确答案恰好是3的33次幂。

如果在回答上述题目的时候，你给出了错误的答案，便说明你出现了"心理定势"。心理定势是一个心理学上的概念，是指对某一特定活动的准备状态，它可以使我们在从事某些活动时能够相当熟练，甚至达到自动化程度，可以节省很多时间和精力；但同时，心理定势的存在也会束缚我们的思维，使我们只会用常规方法去解决问题，而不求用其他"捷径"突破，因而也会给解决问题带来一些消极的影响。在了解"心理定势"之前，不妨先看这样一则笑话：

一个人走进商店，对胖老板说："请给我一品脱蓖麻子油。"

胖老板从里头搬出一个铝梯，架好后爬到上面的储藏间，打开门，拿起一大桶子油将玻璃瓶倒满，关上门，然后爬下铝梯将瓶子交给顾客。

这时，另一个顾客走进商店，说："老板，给我一品脱蓖麻子油。"

胖老板望了望上头，又爬上铝梯，倒好油，正在这时候，第三名顾客走进了商店，胖老板在梯子上问："你也要一品脱蓖麻子油吗？"

顾客摇头，胖老板说："那，请你稍等一下！"

胖老板爬下梯子，然后对第三名顾客说："您想买点什么？"

第三名顾客说："老板，请给我半品脱蓖麻子油。"

无疑，笑话中的胖老板就是受到心理定势的影响，根据惯性心理对顾客的购买要求作出判断，结果被现实小小地耍了一下。在现实中，关于心理定势的故事时有发生。

阿西莫夫是一名有着俄国血统的美国人，一生中撰写了400部书，算得上世界知名度最高的科普作家。有一次，他遇到了一位汽车修理工，修理工对阿西莫夫说："嗨，博士！我来考考你的智力，出一道思考题，看你能不能回答正确。"阿西莫夫点头同意。修理工便开始出题："有一位既聋又哑的人，想买几根钉子，来到五金商店，对售货员做了这样一个手势：左手两个指头立在柜台上，右手握住拳头作出敲击状的样子。售货员见状，先给他拿来一把锤子；聋哑人摇摇头，指了指立着的那两根指头。于是售货员就明白了，聋哑人想买的是钉子。聋哑人买好钉子，刚走出商店，接着进来一位盲人。这位盲人想买一把剪刀，请问：盲人将会怎样做？"阿西莫夫心想，这还不简单吗？便顺口答道："盲人肯定会这样——"阿西莫夫伸出食指和中指,做出剪刀的形状。汽车修理工一听,开心地笑起来:"哈哈,你这笨蛋,答错了吧!盲人想买剪刀,只需要开口说'我买剪刀'就行了,他干吗要做手势呀?"

　　阿西莫夫十分聪明,年轻时曾多次参加"智商测试",得分总在160左右,属于"天赋极高者",但是对于修理工所提出的问题,阿西莫夫却给出了错误的答案,在这个过程中,阿西莫夫就因为受限于心理定势,无端地被汽车修理工取笑了一番。

　　凡事都有正反两面,同样,除了消极意义,心理定势也有积极意义。1930年,心理学家迈尔研究过定势在解决问题中的作用。在他的实验里,对部分参加实验者利用指导语给以指向性暗示,对另一些参加者则不给指向性暗示。结果,前者绝大多数被试能解决问题,而后者则几乎没有一个能解决问题。再比如说,很多演奏家5岁练钢琴,练到15岁才能登台演出,就是为了形成一种强烈的心理定势。在这个意义上,心理定势是主体对一定活动的一种预先的心理准备状态,它不仅是人的局部的心理活动,而且是主体的完善的个性状态。只有形成最完备、最全面心理定势的人,才能幸运地成为演奏家。

归因:我们是如何看待世界的

　　雨后,一只蜘蛛艰难地向墙上那张已经支离破碎的网爬去。由于墙壁潮湿,每当它爬到一定高度,就会从高高的墙上掉下来。它一次次不停地往上爬,一次次地掉下来……

　　这时正好有三个人经过这里。

　　第一个人看到了,他说:"这只蜘蛛真蠢,从旁边干燥的地方就能爬上去,我以后可不能像它那样愚蠢。"于是,他开始聪明起来。

　　第二个人看了,他立刻被蜘蛛这种不屈不挠、屡败屡战的精神打动了，并从中得到启发，对自己说："我要像蜘蛛那样。"于是，他变得顽强起来。

第三个人看见了，他叹了口气，自言自语道："我一生不正如这只蜘蛛吗？忙忙碌碌而一无所得，有什么意思呢？"于是，他变得日渐消沉。

为什么这只蜘蛛会不断地往上爬？为什么三个人对蜘蛛的态度有这么大的差距？

假如我们对人的一生中所说的频率最高的话做一个总结，那么"为什么"一定是其中出现频率最高的一句话。原因是人类天生就有追求事物发展精确性的需求，这是我们人性中天生的一部分，谁也无法摆脱。

在心理学中，关于"为什么"的问题有一个专业名词，叫做归因，也就是我们常说的找出问题的原因。听上去仿佛很简单，但实际上，归因的过程是很复杂的，涉及一系列的心理活动。比如上面关于蜘蛛的小故事，面对同样的一种现象，三个人由于各自的心境不同，所以感受也不相同。

在现实生活中，归因是一种十分普遍的心理现象。例如，在约会时，女朋友迟到了，男方就会猜测她迟到的原因，也就是对迟到这一行为进行归因：是故意的呢，还是不得已而为之？是客观上诸如交通堵塞而造成的，还是主观上对约会不重视？还是她一贯有迟到的习惯？

再比如，我们和家人说好了某日来某地会见，但是那天没来。我们自然也会对家人没来会见这一行为进行归因：是家人不关心自己，不想来，还是临时工作太忙，走不开？还是天气不好，车晚点了？或是没买到车票？还是身体不好，生病了？

再如，上司近来不愿和自己说话，是对其他同事也是如此，还是仅对自己一人这样？是心情不好还是有什么事情对自己有意见？这些都是归因的运用。

归因一般分为内部归因和外部归因。内部归因，指存在于个体内部的原因，如人格、品质、动机、态度、情绪、心境以及努力程度等个人特征；外部归因，是指行为或事件发生的外部条件，包括背景、机遇、他人影响、工作任务难度等。

试想一下，在某一个交通拥堵的早晨，当你发现一辆小车是造成拥堵的罪魁祸首时，你通常会有什么样的反应？恐怕大部分的人都无法抑制心中的愤怒，都会倾向于认为，小车的司机有问题，因为他的某种不恰当的行为，使得大家忍受着上班迟到而被扣奖金的可能，这个人会在瞬间被我们定义成一个自私的、冷漠的、不为别人考虑的家伙。

心理学家发现，当我们对别人的问题进行归因时，外部的因素很容易被我们忽略。如前面提到的小车中的司机，很有可能他是遇到了紧急情况，不得已才造成了堵塞。

有意思的是，当同样的事情发生在我们自己身上时，情况可能就恰恰相反了。被降薪的人大多会认为公司"过河拆桥"，经济不景气的时候总是拿员工开刀，而很少立刻从自己身上找原因。这是因为当人的自尊受到威胁时，我们会本能地采取自利归因的方式，也就是把降薪的原因归结为外部因素（比如经济不景气），因为承认自己的能力逊于其他的同事，对我们的自尊是一种打击。但是，假如得到的消息是加薪，那我们又会本能地将加薪的原因归结为是自己的能力比别人强。

年终会议总结上，肖辉的业绩最差。不仅全年规定的销售任务没有完成，而且每月的任务按时完成的都很少，经理让他说明原因。肖辉说："今年由于个人的事情比较多，耽误了一段时间。另外，我负责的销售区域经济发展相对比较落后，像我们这种产品大家都觉得有点贵。"

经理说："你的意思是，我应该把你安排在市中心，你才能按时完成任务吗？张琳每天跑城乡结合部的乡镇，为什么业绩比你的好？你说的不是主要原因。"

肖辉沉默了半天。终于承认道："是我自己不努力，每天工作缺乏耐心，到下面跑动得也不够。"

经理说:"有问题,就要找准原因,对症下药,才会解决问题。"

肖辉先采取一种自利归因的方式,把问题归结为客观因素,而不愿承认自己努力不够,这是肖辉的自尊心在作祟。但是,正像经理说的,不找到根本原因,问题不会很好地得到解决,下次就会犯同样的错误。

一般把行为成败的原因归结为外部的或不可控的因素,会降低个人对以后工作的动力;而把行为结果成败的原因归结为内部的、可控的因素,会增强个体对以后工作的动力。如果把业绩不好归因于自身的因素,就会激发自己更加努力;如果归因于外在不可控制的因素,则不会有很强的动力。

第二章
生活中最出彩的10大趣味心理学现象

【本章心理学冷知识关键词】

光明思维术｜个人空间｜责任扩散｜潜意识思维｜孩子的角色｜巴纳姆效应｜听众设计｜信念偏见效应｜既视感｜社会促进

光明思维术：幸运的人总幸运

有两个穷困潦倒的人，手里只有1元钱了。悲观的一位说："哎，只剩这1元钱了！"

而另一个则乐呵呵地说："嗨，我还有1元钱呢！"

心理状态的乐观与否，导致故事中这两个人看问题有不同的结果。当人生的道路遇到障碍时，用什么样的心态看问题，可能会影响到你以后的人生道路。用消极的心态看问题，只能使问题变得更加严重；而用积极的心态看问题，厄运也有可能转化成一种幸运。

积极心态是光明思维的结果。光明思维可以分为三个等级，分别是：

一级光明思维——看到世界有黑暗也有光明（黑了南方有北方）；二级光明思维——看到黑暗可以转化为光明（塞翁失马）；三级光明思维——无论黑暗与光明都能充实人生（发生即恩典）。

请牢记，只有正向思维，才能有正向行为。光明思维者，从失败中看机会；黑暗思维者，从机会中看失败。

光明思维的理念是"反思维可以改变存在"，我们运用反思维可以改变自己负面的意念和情绪。

例如，在语言对答方面，当别人说你吃亏时，你可以说"人生吃亏是福"；当别人说你长得有点老，你可以说"成熟是一种美"……

你也可以学会改进语言，将遇到问题看成遇到了挑战；将没有机会变做机会可以创造……

你也可以利用引喻切换，把逆境比做学校；把家庭比做港湾……

面对不可逆转的困境，也要尽量进行问题化解，如失恋了，十分痛苦的时候，可以这样想："与感情不专一的人早分手是件好事"。

留意日常生活中的习惯用语，不要说"我不行"，而要说"我很棒"；不要说"我太累了"，而要说"我忙了一天，心情真愉快"；不要说"这事让我碰上了倒霉"，而要说"这事让我碰上对我是个锻炼"……

这就是光明思维，其特点是：亮点思维。即在任何时候任何情况下，都要看到亮点，看到事物的光明面，要用正向思维来看待问题。这是成功者的思维特点。

有一个银行家，在51岁的时候，财富积累到高达数百万美元。而到52岁的时候，他失去了所有的财富，而且背上了一大堆债务。面临巨大的打击，他没有悲观失望，而是决定要从头做起。

经过几年的奋斗，他不仅还清了300个债权人的欠款，而且重新积累了更多的财富。有人问他，是怎么做到的？他回答："这很简单，因为从我早期谋生开始，我就学会要以充满希望的一面来看待事物，从来不要在阴影的笼罩下生活。我总是有理由让自己相信，我们的社会到处都是财富，只要去工作就一定会发现财富、获得财富。这就是我生活成功的秘密。记住：总是要看到事物阳光灿烂的一面。"

"这个世界应该更加光明、更加美好，如果人们懂得保持快乐是他们的责任，懂得开开心心地完成自己的职责也是他们的责任，那么，这个世界就会美妙多了。每天都快乐地生活，也是让别人幸福的最好保证。"

即使失败了，也要相信这只是暂时的；只要你的心里充满了光明，未来的道路就会豁然开朗。

美国的心理学家艾里斯曾提出一个叫情绪困扰的理论。他认为，引起人们情绪结果的因素不是事件本身，而是个人的信念。所以，许多在现实中遭遇挫折的人，往往认为自己倒霉、想不通，这些其实都是其本人的片面认识和解释，正是这种认识才产生了情绪的困扰。实际情况是，人们的烦恼和不快，常常与自己的情绪有关，同自己看问题的角度有关。能否战胜挫折，关键在于任何情况下都不被一时的失意和不快左右，永远怀着希望和信心，就能从逆境和灾难中解脱出来。

个人空间：人们乘电梯时为何总向上看

有一天，一个妈妈带着一个不到10岁的小女孩和往常一样乘电梯。乘电梯的人很多，妈妈仰头看着显示的楼层数，突然小女孩问道："妈妈，为什么乘电梯的时候人们都会仰着头往上看呢？"

电梯里的人听到了以后，四周看了一下，发现别人果然和自己一样，也都仰着头看着显示的楼层数。难道显示的楼层数有什么神奇的魔力吗？还是有什么不可思议的心理效应在背后起作用呢？

不只在电梯里面，在地铁里，经常可以看到乘客们选择座位的情景。这时，如果这是一节较空的地铁车厢，有很多座位可以选择，不难发现以下规则：最先上车的人会坐在长椅的两端，随后上车的人会选择中间的座位，接下来的人会坐在前两者之间的座位上。而且，当所有的人都坐好后，乘客之间的间隔是等距离的。这种现象表明，我们总是在尽可能地避免与他人的接触。

我们在自己的身体周围，划分了一个无形的领域，以此来确保自己的私人领域。这个领域就是"个人空间"，人们借此来保持彼此的距离。而且这个领域会随着人的移动放大或者缩小。当这个领域被固定下来时（比如自己的房间等），就形成了"地盘"。我们不会侵入别人的地盘，而且总是维护着先到先得的优先权。

当个人空间或地盘被侵犯时，我们就会产生压力，并会想方设法采取行动消除这种压力。逃避—退避行为就是其中之一，如果地盘受到侵犯，我们一般会躲到个人空间里。比如，我们在拥挤不堪、不能保证个人空间的情况下，也会尽量不和他人发生接触——在拥挤的电梯里，不看他人，而是看显示的楼层数。在这种逃避行为中，我们把他人当做无生命的物体，借此来缓解压力。但有时我们在个人空间被侵犯、无法躲避时，会转为攻击——拥挤车厢内发生的乘客吵架事件就是其中之一。

同样的道理，我们在乘电梯时往上看的行为与我们的"个人空间"也有着很大的关系。一旦有人闯入我们的个人空间，我们就会感觉不舒服、不自在。

个人空间的大小因人而异，但大体上是前后0.6~1.5米，左右1米左右。据调查数据显示，女性的个人空间比男性的大，具有攻击性格的人的个人空间更大。在拥挤的地铁中我们会感觉不自在，就是因为有人进入了自己的个人空间。

电梯是一个非常狭小的空间。在电梯中，人与人的个人空间出现了交集，也就是说互相感觉到对方进入了自己的个人空间，所以会感到不舒服，都想尽早离开电梯这个狭窄的空间，向上看正是想尽快"逃离"这个狭小空间的心理的表现。

此外，盯着显示楼层的数字看，不只是为了确认是否到了自己要去的楼层。当我们急于离开这个狭小空间时，不停变换的数字能让我们感到电梯在移动，让我们感觉到自己是在向"解放"前进，从而缓解焦急的心理。

生活中这样的例子很多，比如，下班后，你感到特别疲倦。在公交车站等车时，你特别盼望上车后能有个位子坐一坐。车来了，幸运的你一上车就看到有空位子，只是都在公交车的最后一排，而且，在第一和第五个位子上已经有两个陌生人坐好了。那么，通常情况下，你会选择坐在哪个位子上呢？是的，你会选择坐在第三个位子上。

你正在图书馆里看书，周围没有什么人，这时突然有一个陌生人坐在了紧靠你身边的位子，你会觉得这个人有点奇怪，明明有那么多的空位子，干吗非要坐在我的身边呢？你一下子觉得别扭起来，不能再像刚才那样专心地看书了，甚至你的防御系统也不由自主地启动了，干脆你就换了一个座位。

当然，对个人空间的需要没有绝对的意义，需要的个人空间大小和我们对侵犯的反应取决于特殊的环境。在马路上，即使行人很多，空间很小，你仍不会在乎别人是否离你太近，觉得这是合情合理的事。相反，如果在一个盛大的宴会上，别人都给你留有很大的空间像是在躲着你，你反而会觉得不安，你希望与人能够亲密地交谈，友好地接触。这样看来，人们确实需要个人空间，但并不是在任何情况下都对这个空间那么敏感。

责任扩散：你是冷漠的旁观者吗

1964年，美国纽约发生了著名的吉诺维斯案件：一位叫做吉诺维斯的姑娘在回家途中遭歹徒持刀杀害。凶手行凶持续有三十分钟，在这期间，有38个邻居听到被害者的呼救声，许多人还走到窗前看了很长时间，但没有一个人去救援，甚至没有人行举手之劳，打电话及时报警，致使一件不该发生的惨剧成为现实。

看到这个故事，我们会产生怀疑：人们的正义感不存在了吗？

自从"吉诺维斯案件"之后，美国社会心理学家拉特纳和达利精心设计了一系列实验，以便分析这种状况发生的原因。其中一个实验是这样进行的：

实验员向公众发布一个招聘启事，从应征者中甄选出各方面条件相似的人员参加一次"面试"。

当不知内情的"应聘者"来到"面试"现场时，一位女士（实验员假扮的）安排他们在一间小办公室内填写问卷，告诉他们先稍微等一会儿，自己要去拿一份文件，随即掀开门帘走进隔壁的办公室里。这时候，实验才正式开始,实验员在这间办公室里播放事先录制好的录音。

于是,正在隔壁等候的"应聘者"先是听到那位女士爬到椅子上拿东西的声音,紧接着是她的尖叫、椅子摔倒的声音。随后,又传来女士痛苦的呻吟声:"噢,天哪!我的脚……我……我……搬不动它,噢,我的脚脖子……我……没法拿开身上这东西。"

拉特纳和达利想了解,在这种危机情境中,"应聘者"独自一人会作出什么反应;如果还有其他人在场,又会作出什么反应。他们记录了每组"应聘者"实施救助行为的百分率和对突发事件的反应时间,如果"应聘者"在听到录音后4分钟内不作反应,实验就停止。

与"人多力量大"等观点的预测正好相反,实验的结果是:当单独一人时,70%的人会马上离开座位,试图以不同的方式提供帮助;当两个"应聘者"在场时,离开座位的时间就要长得多,其中一人试图提供帮助的比例陡然下降到40%;而如果旁边有人无动于衷(由研究人员假扮),则仅有7%的"应聘者"尝试着提供帮助。

实验证实,旁观者的数量会明显影响到人们的助人行为。这是为什么呢?原因就在于责任扩散。

面对处于困境中等待帮助的人,如果我们身上有责任感存在,我们就会毅然地采取行动。但是,当有许多人在场时,就造成了责任扩散,我们不清楚到底谁该采取行动。帮助人的责任被分散到所有围观者的身上,这样每个人都减少了帮助的责任感,结果就造成了我们常见的这种冷漠旁观的情况。在只有一个人的时候,我们可以毫不犹豫地采取行动,不用担心别人怎么看我们,但是如果有其他人在场,我们会本能地先观察一下别人的反应,以免举止不当而受到嘲笑,这就是为什么在人越多的情况下,我们越容易成为冷漠的看客。

在中国有一个很有名的故事——"三个和尚没水喝",在国内外引起了广泛的共鸣。原因很简单,责任扩散是普遍存在的心理。所以如果一个极端事件的围观者众多时,目击者往往无所作为。反而只有一个目击者时，被害人是安全的，因为那唯一的人会认为自己是必须帮助的人。

假如你是一个正处在紧急状况中的人，你大声地呼救，却发现周围人无动于衷，旁观者效应正在你身上发挥作用，那该怎么办呢？

最好的办法是将求助的目标锁定在旁观者中的某一人身上，并且指出那个人的外表、衣着特征。如："那个穿白衬衫的大哥，请你帮帮我！"

这样就将旁观者中扩散的责任重新集中在一个人的身上，此时这个被"点中"的人在责任感的驱使下，就会采取行动了。

潜意识思维：延缓衰老的进程

几年前，美国汽车销售大师、连续6年获得吉尼斯汽车销售冠军的乔·吉拉德到广州为3000听众演讲。

演讲开始了，这位70多岁的美国老人跟着乐曲的节拍，跳着轻快的踢踏舞踏上讲台。观众一片笑声，接着便是掌声和喝彩声。

随后，会议组织者与乔·吉拉德在广州花园酒店就餐时，也通过翻译，向这个快乐的人请教他活得如此年轻潇洒的秘诀。乔·吉拉德说："一个人生理年龄不可逆转，今天肯定会比昨天老；而心理年龄却可以调节。你想像30岁年轻人那样，你就尽管大胆按照30岁的人的思维模式去改变你的行为模式，他们可以做的你也可以，坚持不懈，你的心理年龄年轻了，你的行为就会改变你实际不年轻的生理年龄。"

乔·吉拉德告诉人们一个事实：心理年龄是可以调节的。

诚然，人到了一定的年龄，就会不自觉地期待"老之将至"。

最近的一项科学研究发现，有的人属于"青年型"，而有的人属于"老年型"。两者的区别在于，前者到了40岁以上时，仍然觉得自己尚且年轻；而后者在此年龄段时，便自觉已登"中年"，青春不再。

你的潜意识思维永远不会老，它无时无刻不在洋溢着活力。同样，人的精神层面的品质力量，人的一切嘉言懿行，人的善良、谦逊、宁静、挚爱、和谐、忍耐等诸多品质，总能使你朝气蓬勃。它们能使你永葆青春活力，一往无前。

美国俄亥俄州立大学医学院的专家们曾撰文说，人的体质与容颜的衰老，并非只是年龄不断增长的原因。对于年龄的恐惧，更容易使身心出现提早衰老的迹象。倘若你阅读过各类名人传记便会发现，那些传主即便在高龄时期，也往往坚持各项运动，并取得了相当大的成就。同样，许多默默无闻的凡夫俗子，也丝毫不因日臻年长而焦虑和痛苦，他们始终热爱运动，有一颗童心以及乐观、开朗的品质。他们的精神总是那样年轻，而他们身心的创造力也似乎不减分毫。

无独有偶，来看看来自中国苏州的一篇报道：

近日，市民政局在对全市32个街道、61个镇、116个村(居委会)和163个养老机构调研后发现，苏州不少老年人的心理年龄正逐渐下降，而有些年轻人的心理年龄却提前进入中老年期。

该局的调研结果在苏州老年大学得到证实。近年来，该校的课程越开越多，书画、保健、音乐舞蹈、园艺、体育健身等100多门课程都受到老年人的青睐，这些上学的老年人大部分年龄都在60岁以上，最大的90岁。他们精神饱满、心情愉快，许多人都认为自己非常年轻。该校教务处的一位老师告诉记者，学校英语班每期都扩招，尤其是奥运会在北京举办后，老人们开始对英语情有独钟。"我们都觉得这些老人就像年轻人一样爱学习、爱思考，充满朝气和活力。"

与此相反，一些心理咨询者年龄都只有30多岁，可显出一副很憔悴的样子。特别是一些年轻女性，她们的服装特别艳丽。她们说，如果穿得不艳丽一点就觉得自己真的老了，只有这么穿才有可能找回一点自信。一些男性咨询者也是无精打采，他们认为，每天顶着巨大的工作压力，无论是精神上还是身体上都很难承受，觉得自己每一天都好像老了好几岁。

从这篇报道我们可以明白，当我们寻求一种快乐的人生时，有一种有效的办法就是保持一颗年轻的心。成年人常常会凸显出未老先衰的疲惫心理，如果要保持一种健康的心态来面对生活中的压力，那么不妨摘掉成年人的面具，我们便能发现那种不可思议的、自发的感觉。看看那些天真烂漫、无忧无虑的孩子，或许我们就会得到启发，原因在于他们保持着一颗顺应自然的质朴之心。

心理学家哈契内克说："我们之所以年老，不是因为年龄，而是因为我们对年龄增长的情感和态度。"他评论说，孀居使某些妇女提前衰老，却不会使那些不断追求幸福组建新家庭或忙于某项事业的妇女提早衰老。因此，尽管她们年龄不小，却仍旧光彩照人。所以，信心、勇气、兴趣，能给人带来新的特征，也是延缓衰老的原因。

孩子的角色：出生顺序影响性格吗

上大学时，小林和王芸在同一个班级。

小林生活在一个幸福的小康之家，三世同堂。作为家里的"老小"，从小就在爷爷奶奶、爸爸妈妈和哥哥的精心照料下成长。她最喜欢说的一句话，就是"我要告诉我哥哥"。

在小林的印象中，哥哥简直无所不能，而且，无论在什么情况下，哥哥都会站在自己这边。6岁那年，小林因为一个玩具和邻居男孩发生口角，后来，哥哥和人家大打出手，虽然挨了家长的批评，但小林还是很自豪，有了这样一个护着她的哥哥，她逐渐养成了任性、敏感而且倔强的性格。

王芸恰恰相反，身为长女，她有两个分别比她小两岁和4岁的妹妹。因为父母经常外出干活，很小的时候，王芸就承担起家里的大部分家务。王芸记得清清楚楚，无论表扬还是批评，爸爸总会在最后说上这么一句话:"你是家里的老大,要懂事,不能任性,凡事要让着妹妹,知道吗?"

爸爸的话,对王芸的成长产生了很大的影响。即便在学校,她也有一种"大姐大"的感觉,乐于帮助别人,替别人分忧。王芸的性格,使她很快得到了大家的信任,很多女生都把她当做闺中密友,跟她说悄悄话,把自己的小秘密跟她一起分享。

这些都是小林后来慢慢发现的。大学期间,小林对王芸有了很深的依赖感,甚至上自习,都喜欢跟着她,同学们都笑她是王芸的一条"尾巴"。小林自己也很苦恼,但心里还是不由自主地想跟着王芸。

小林和王芸性格上的差异使她们的为人处世有所不同,性格的形成和她们各自家庭的生长环境有很大关系。

我们观察日常生活中的家庭,往往会出现这样的一个特点:即哥哥不善交际但成绩很好,弟弟朋友很多很受欢迎但成绩不好……像这样,明明是同样的父母同样的家庭培养出来的兄弟,但性格却很不一样,你不觉得不可思议吗?

有人说,在一个家庭中,哥哥或姐姐因为是家中的老大,总要承担一定的责任,容易自强自立,所以总是能够出人头地;而弟弟或妹妹则依赖性强,加上又被父母溺爱,所以很少出息。就社会整体来看,这样的结论或许过于武断,但这样的一个现象是确实存在的:同样的一个家庭中,出生顺序的不同,孩子的性格也会有很大的差异,这种差异会影响到他们以后的人生轨迹。

不仅在中国,类似的事例在美国同样可以找到:

西奥多·罗斯福是美国军事家、政治家,第26任总统(1901~1909)。他的独特个性和改革主义政策,使他成为美国历史上最伟大的总统之一;而他的弟弟埃利奥特·罗斯福吸毒、酗酒、郁郁寡欢,34岁就死于酒精中毒。

尼克松1968年当选为美国第46届（第37任）总统，1973年1月连任第47届总统。而尼克松的弟弟唐纳德·尼克松却从亿万富翁霍华德·休斯那儿骗取贷款。

美国前总统卡特1990年7月4日获费城自由勋章，1995年1月10日获得1994年度联合国教科文组织设立的费利克斯·乌弗埃—博瓦尼和平奖，1997年11月，印度英·甘地纪念基金会授予他1997年度英·甘地奖，以奖励他为全球和平、裁军和发展所做的贡献，1998年12月10日，获1998年度联合国人权奖，2002年获诺贝尔和平奖。而卡特的弟弟比利·卡特却向利比亚政府收取20万美元"公关费"。

克林顿的弟弟罗杰·克林顿因携带可卡因锒铛入狱；小布什的弟弟尼尔·布什则卷入20世纪80年代一桩储蓄贷款丑闻……

同样的家庭环境下成长的孩子，却走向了两个极端。

布拉德肖（J.Bradshaw）认为在家庭内部有一些必须满足的需求，而孩子也要扮演角色使这些需求得到满足。在家庭里共有四种需求：①想完成什么，想要成功地达成需求；②父母没有意识到的无意识需求；③让家庭联系更紧密的需求；④保证家庭和睦的需求。

第一个孩子是满足①——达成需求；第二个孩子是满足②——无意识的需求……依次类推，孩子按照出生顺序被赋予了一些角色。

将布拉德肖的学说讲得具体一点，那便是：

长子长女因为背负着家庭的成功愿望，所以责任感很强，学习认真，在学校成绩很好；

次子次女自然地感受到了存在于父母无意识中没有被满足的愿望，并将它们实现。次子成为了父亲理想中的男性，次女从事了母亲年轻时梦想的职业；

第三个孩子的角色是让家庭的联系更紧密，所以善于调节夫妻关系和手足关系；

第四个孩子要保持家庭和睦，担任着使全家快乐的责任，所以善于在人多的场合调节气氛。

当然，不同的家庭有着不同的需求，孩子少的话一个孩子就得担起多个职责，也很少出现将职责十分精确地区分的现象。总之，根据不同家庭不同时期的状况，对孩子的角色要求也是不一样的，这也表现出了孩子的性格差异。而这种差异也决定了孩子们的未来。

巴纳姆效应：为什么你总会迷信星座运程

肖曼·巴纳姆是一位很受欢迎的著名魔术师，他曾经这样诠释自己的成功：我的节目之所以受欢迎，是因为节目中包含了每个人都喜欢的成分，所以每一分钟都会有人上当受骗。巴纳姆效应由此而来，也就是说，人们常常认为一种笼统的、一般性的人格描述十分准确地揭示了自己的特点，心理学上将这种倾向称为巴纳姆效应。

针对这种自我认知的效应，一位心理学家曾经做过一个实验，他给一群人做完明尼苏达多相人格检查表后，出示了两份结果，让参与者判断哪一份是自己的结果。事实上，一份是参加者自己的结果，另一份是多数人的回答平均起来的结果。结果，大多数参加者都认为后者更准确地表达了自己的人格特征。

实验的结果表明，很多人都容易相信一个笼统的、一般性的人格描述特别适合自己，即使这种描述十分空洞，但他们仍然认为这种描述准确地反映了自己的人格面貌。曾经有心理学家向大学生出示了这样一份材料，让他们判断这种人格描述是否适合自己：

你很需要别人喜欢并尊重你；

你有自我批判的倾向；

你有许多可以成为你优势的能力没有发挥出来，同时你也有一些缺点，不过你一般可以克服它们；

你与异性交往有些困难，尽管外表上显得很从容，其实你内心焦急不安；

你有时怀疑自己所做的决定或所做的事是否正确；

你喜欢生活有些变化，厌恶被人限制；

你以自己能独立思考而自豪，别人的建议如果没有充分的证据你不会接受；

你认为在别人面前过于坦率地表露自己是不明智的；

你有时外向、亲切、好交际，而有时则内向、谨慎、沉默；

你的有些抱负往往很不现实。

对于上述笼统的、几乎适合于任何人的话，很多大学生都认为自己正是材料中所描述的那样，简直太匹配自己的性格了。

在现实生活中，常会发生巴纳姆效应，比如我们让算命先生算命后，有时会认为某个算命先生太料事如神了，所描述的状况完全契合自己的处境。其实，一般而言，春风得意、没有困惑疑虑的人一般不会求助算命的人，惯于算命的人都是情绪处于低落、失意的时候，此时他们对生活失去了控制，缺乏安全感，很容易受到暗示的影响，加之算命先生总是善于察言观色，揣摩他人的心意，他们应景地说一些无关痛痒的笼统的话，算命者便会对算命先生崇拜起来，中了他们的圈套。

20世纪20年代，美国心理学家威廉·莫尔顿·马斯顿创建了一个理论来解释人的情绪反应，在此之前，这种工作主要局限在对于精神病患者或精神失常人群的研究，而马斯顿博士则希望扩大这个研究范围，以运用于心理健康的普通人群，因此，马斯顿博士将他的理论构建为一个体系，即"正常人的情绪"。

为了检验他的理论，马斯顿博士需要采用某种心理测评的方式来衡量人群的情绪反应——"人格特征"，因此，他采用了四个他认为是非常典型的人格特质因子，即Dominance——支配，Influence——影响，Steady——稳健，以及Compliance——服从。而DISC，正是代表了这四个英文单词的首字母。在1928年，马斯顿博士正式在他的《正常人的情绪》一书中，提出了DISC测评以及理论说明。

目前，DISC理论已被广泛应用于世界500强企业的人才招聘，历史悠久、专业性强、权威性高。

下面便是DISC测试题，回答这些题目对于了解你自己十分有帮助。

在每一个大标题中的四个选择题中只选择一个最符合你自己的，并在英文字母后面做记号。一共40题。不能遗漏。（注意：请按第一印象最快地选择，如果不能确定，可回忆童年时的情况，或者以你最熟悉的人对你的评价来从中选择）

一、1. 富于冒险：愿意面对新事物并敢于下决心掌握的人；D

2. 适应力强：轻松自如适应任何环境；S

3. 生动：充满活力，表情生动，多手势；I

4. 善于分析：喜欢研究各部分之间的逻辑和正确的关系。C

二、1. 坚持不懈：要完成现有的事才能做新的事情；C

2. 喜好娱乐：开心充满乐趣与幽默感；I

3. 善于说服：用逻辑和事实而不用威严和权力服人；D

4. 平和：在冲突中不受干扰，保持平静。S

三、1. 顺服：易接受他人的观点和喜好，不坚持己见；S

2. 自我牺牲：为他人利益愿意放弃个人意见；C

3. 善于社交：认为与人相处是好玩，而不是挑战或者商业机会；I

4. 意志坚定：决心以自己的方式做事。D

四、1. 使人认同：因人格魅力或性格使人认同；I

2. 体贴：关心别人的感受与需要；C

3. 竞争性：把一切当做竞赛，总是有强烈的赢的欲望；D

4. 自控性：控制自己的情感，极少流露。S

五、1. 使人振作：给他人清新振奋的刺激；I

2. 尊重他人：对人诚实尊重；C

3. 善于应变：对任何情况都能作出有效的反应；D

4. 含蓄：自我约束情绪与热忱。S

六、1. 生机勃勃：充满生命力与兴奋；I

2. 满足：容易接受任何情况与环境；S

3. 敏感：对周围的人事过分关心；C

4. 自立：独立性强，只依靠自己的能力、判断、与才智。D

七、1. 计划者：先做详尽的计划，并严格按计划进行，不想改动；C

2. 耐性：不因延误而懊恼，冷静且能容忍；S

3. 积极：相信自己有转危为安的能力；D

4. 推动者：动用性格魅力或鼓励别人参与。I

八、1. 肯定：自信，极少犹豫或者动摇；D

2. 无拘无束：不喜欢预先计划，或者被计划牵制；I

3. 羞涩：安静，不善于交谈；S

4. 有时间性：生活处事依靠时间表，不喜欢计划被人干扰。C

九、1. 迁就：改变自己以与他人协调，短时间内按他人要求行事；S

2. 井井有条：有系统有条理安排事情的人；C

3. 坦率：毫无保留，坦率发言；I

4. 乐观：令他人和自己相信任何事情都会好转。D

十、1. 强迫性：发号施令，强迫他人听从；D

2. 忠诚：一贯可靠，忠心不移，有时毫无根据地奉献；C

3. 有趣：风趣，幽默，把任何事物都能变成精彩的故事；I

4. 友善：不主动交谈，不爱争论。S

十一、1. 勇敢：敢于冒险，无所畏惧；D

2. 体贴：待人得体，有耐心；S

3. 注意细节：观察入微，做事情有条不紊；C

4. 可爱：开心，与他人相处充满乐趣。I

十二、1. 令人开心：充满活力，并将快乐传于他人；I

2. 文化修养：对艺术学术特别爱好，如戏剧、交响乐；C

3. 自信：确信自己个人能力与成功；D

4. 贯彻始终：情绪平稳，做事情坚持不懈。S

十三、1. 理想主义：以自己完美的标准来设想衡量新事物；C

2. 独立：自给自足，独立自信，不需要他人帮忙；D

3. 无攻击性：不说或者做可能引起别人不满和反对的事情；S

4. 富有激励：鼓励别人参与、加入，并把每件事情变得有趣。I

十四、1. 感情外露：从不掩饰情感、喜好，交谈时常身不由己接触他人；I

2. 深沉：深刻并常常内省，对肤浅的交谈、消遣会厌恶；C

3. 果断：有很快作出判断与结论的能力；D

4. 幽默：语气平和而有冷静的幽默。S

十五、1. 调解者：经常居中调节不同的意见，以避免双方的冲突；S

2. 音乐性：爱好参与并有较深的鉴赏能力，因音乐的艺术性，而不是因为表演的乐趣；C

3. 发起人：高效率的推动者，是他人的领导者，闲不住；D

4. 喜交朋友：喜欢周旋聚会中，善交新朋友不把任何人当陌生人。I

十六、1. 考虑周到：善解人意，帮助别人，记住特别的日子；C

2. 执著：不达目的，誓不罢休；D

3. 多言：不断地说话、讲笑话以娱乐他人，觉得应该避免沉默而带来的尴尬；I

4. 容忍：易接受别人的想法和看法，不需要反对或改变他人。S

十七、1. 聆听者：愿意听别人倾诉；S

2. 对自己的理想、朋友、工作都绝对忠实，有时甚至不需要理由；C

3. 领导者：天生的领导，不相信别人的能力能比上自己；D

4. 活力充沛：充满活力，精力充沛。I

十八、1. 知足：满足自己拥有的，很少羡慕别人；S

2. 首领：要求领导地位及别人跟随；D

3. 制图者：用图表数字来组织生活，解决问题；C

4. 惹人喜爱：人们注意的中心，令人喜欢。I

十九、1. 完美主义者：对自己、对别人都高标准，一切事物有秩序；C

2. 和气：易相处，易说话，易让人接近；S

3. 勤劳：不停地工作，完成任务，不愿意休息；D

4. 受欢迎：聚会时的灵魂人物，受欢迎的宾客。I

二十、1. 跳跃性：充满活力和生气勃勃；I

2. 无畏：大胆前进，不怕冒险；D

3. 规范性：时时坚持自己的举止合乎认同的道德规范；C

4. 平衡：稳定，走中间路线。S

二十一、1. 乏味：死气沉沉，缺乏生气；S

2. 忸怩：躲避别人的注意力，在众人注意下不自然；C

3. 露骨：好表现，华而不实，声音大；I

4. 专横：喜命令支配，有时略显傲慢。D

二十二、1. 散漫：生活任性无秩序；I

2. 无同情心：不易理解别人的问题和麻烦；D

3. 缺乏热情：不易兴奋，经常感到好事难做；S

4. 不宽恕：不易宽恕和忘记别人对自己的伤害，易嫉妒。C

二十三、1. 保留：不愿意参与，尤其是当事情复杂时；S

2. 怨恨：把实际或者自己想象的别人的冒犯经常放在心中；C

3. 逆反：抗拒、或者拒不接受别人的方法，固执己见；D

4. 唠叨：重复讲同一件事情或故事，忘记已经重复多次，

总是不断找话题说话。I

二十四、1. 挑剔：坚持琐事细节，总喜欢挑不足；C

2. 胆小：经常感到强烈的担心焦虑、悲戚；S

3. 健忘：缺乏自我约束，导致健忘，不愿意回忆无趣的事情；I

4. 率直：直言不讳，直接表达自己的看法。D

二十五、1. 没耐性：难以忍受等待别人；D

2. 无安全感：感到担心且无自信心；S

3. 优柔寡断：很难下决定；C

4. 好插嘴：一个滔滔不绝的发言人，不是好听众，不注意别人的说话。I

二十六、1. 不受欢迎：由于强烈要求完美，而拒人千里；C

2. 不参与：不愿意加入，不参与，对别人生活不感兴趣；S

3. 难预测：时而兴奋，时而低落，或总是不兑现诺言；I

4. 缺同情心：很难当众表达对弱者或者受难者的情感。D

二十七、1. 固执：坚持照自己的意见行事，不听不同意见；D

2. 随性：做事情没有一贯性，随意做事情；I

3. 难于取悦：因为要求太高而使别人很难取悦；C

4. 行动迟缓：迟迟才行动，不易参与或者行动总是慢半拍。S

二十八、1. 平淡：平实淡漠，中间路线，无高低之分，很少表露情感；S

2. 悲观：尽管期待最好但往往首先看到事物不利之处；C

3. 自负：自我评价高，认为自己是最好的人选；D

4. 放任：允许别人做他喜欢做的事情，为的是讨好别人，令别人鼓吹自己。I

二十九、1. 易怒：善变，孩子性格，易激动，过后马上就忘了；I

2. 无目标：不喜欢目标，也无意订目标；S

3. 好争论：易与人争吵，不管对何事都觉得自己是对的；D

4. 孤芳自赏：容易感到被疏离，经常没有安全感或担心别人不喜欢和自己相处。C

三十、1. 天真：孩子般的单纯，不理解生命的真谛；I

2. 消极：往往看到事物的消极面、阴暗面，而少有积极的态度；C

3. 鲁莽：充满自信有胆识但总是不恰当；D

4. 冷漠：漠不关心，得过且过。S

三十一、1. 担忧：时时感到不确定、焦虑、心烦；S

2. 不善交际：总喜欢挑人毛病，不被人喜欢；C

3. 工作狂：为了回报或者说成就感，而不是为了完美，因而设立雄伟目标不断工作，耻于休息；D

4. 喜获认同：需要旁人认同赞赏，像演员。I

三十二、1. 过分敏感：对事物过分反应，被人误解时感到被冒犯；C

2. 不圆滑老练：经常用冒犯或考虑不周的方式表达自己；D

3. 胆怯：遇到困难退缩；S

4. 喋喋不休：难以自控，滔滔不绝，不能倾听别人。I

三十三、1. 腼腆：事事不确定，对所做的事情缺乏信心；S

2. 生活紊乱：缺乏安排生活的能力；I

3. 跋扈：冲动地控制事物和别人，指挥他人；D

4. 抑郁：常常情绪低落。C

三十四、1. 缺乏毅力：反复无常，互相矛盾，情绪与行动不合逻辑；I

2. 内向：活在自己的世界里，思想和兴趣放在心里；C

3. 不容忍：不能忍受他人的观点、态度和做事的方式；D

4. 无异议：对很多事情漠不关心。S

三十五、1. 杂乱无章：生活环境无秩序，经常找不到东西；I

2. 情绪化：情绪不易高涨，感到不被欣赏时很容易低落；C

3. 喃喃自语：低声说话，不在乎说不清楚；S

4. 喜操纵：精明处事，操纵事情，使对自己有利。D

三十六、1. 缓慢：行动思想均比较慢，过分麻烦；S

2. 顽固：决心依自己的意愿行事，不易被说服；D

3. 好表现：要吸引人，需要自己成为被人注意的中心；I

4. 有戒心：不易相信，对语言背后的真正的动机存在疑问。C

三十七、1. 孤僻：需要大量的时间独处，避开人群；C

2. 统治欲：毫不犹豫地表示自己的正确或控制能力；D

3. 懒惰：总是先估量事情要耗费多少精力，能不做最好；S

4. 大嗓门：说话声和笑声总盖过他人。I

三十八、1. 拖延：凡事起步慢，需要推动力；S

2. 多疑：凡事怀疑，不相信别人；C

3. 易怒：对行动不快或不能完成指定工作时易烦躁和发怒；D

4. 不专注：无法专心致志或者集中精力。I

三十九、1. 报复性：记恨并惩罚冒犯自己的人；C

2. 烦躁：喜新厌旧，不喜欢长时间做相同的事情；I

3. 勉强：不愿意参与或者说投入；S

4. 轻率：因没有耐心，不经思考，草率行动。D

四十、1. 妥协：为避免矛盾即使自己是对的也不惜放弃自己的立场；S

2. 好批评：不断地衡量和下判断，经常考虑提出反对意见；C

3. 狡猾：精明，总是有办法达到目的；D

4. 善变：像孩子般注意力短暂，需要各种变化，怕无聊。I

将以上的选择做一个统计，并记在括号内。

D-（　　）=I-（　　）=S-（　　）=C-（　　）

测试结果的使用说明：

计算你的各项得分，超过10分称为显性因子，可以作为性格测评的判断依据。低于10分称为隐性因子，对性格测评没有实际指导意义，可以忽略。如果有两项及以上得分超过10分，说明你同时具备那两项特征。

Dominance——支配型/控制者

高D型特质的人可以称为是"天生的领袖"。

在情感方面，D型人是一个坚定果敢的人，喜欢变化，喜欢控制，干劲十足，独立自主，超级自信。可是，由于不太会顾及别人的感受，所以显得粗鲁、霸道、没有耐心、穷追不舍、不会放松。D型人不习惯与别人进行感情上的交流，不会恭维人，不喜欢眼泪，缺乏同情心。

在工作方面，D型人是一个务实和讲究效率的人，目标明确，眼光全面，组织力强，行动迅速，解决问题不过夜，果敢坚持到底，在反对声中成长。但是，因为过于强调结果，D型人往往容易忽视细节，处理问题不够细致。爱管人、喜欢支使他人的特点使得D型人能够带动团队进步，但也容易激起同事的反感。

在人际关系方面，D型人喜欢为别人做主，虽然这样能够帮助别人作出选择，但也容易让人有强迫感。由于关注自己的目标，D型人在乎的是别人的可利用价值。喜欢控制别人，不会说对不起。

描述性词语：

积极进取、争强好胜、强势、爱追根究底、直截了当、主动的开拓者、坚持意见、自信、直率

Influence——活泼型/社交者

高I型的人通常是较为活泼的团队活动组织者。

I型人是一个情感丰富而外露的人，由于性格活跃，爱说，爱讲故事，幽默，想象力丰富，能抓住听众，常常是聚会的中心人物。I型人是一个天才的演员，天真无邪，热情诚挚，喜欢送礼和接受礼物，看重人缘。情绪化的特点使得I型人容易兴奋，喜欢吹牛，天真，永远长不大，富有喜剧色彩。但是，似乎也很容易生气，爱抱怨，大嗓门，不成熟。

在工作方面，I型人是一个热情的推动者，总有新主意，有创造力，

说干就干，能够鼓励和带领他人一起积极投入工作。可是，I型人似乎总是情绪决定一切，想哪儿说哪儿，而且说得多干得少，遇到困难容易失去信心，杂乱无章，做事不彻底，爱走神儿，爱找借口。喜欢轻松友好的环境，非常害怕被拒绝。

在人际关系方面，I型人容易交上朋友，朋友也多。关爱朋友，也被朋友称赞。爱当主角，爱受欢迎，喜欢控制谈话内容。可是，喜欢即兴表演的特点使得I型人常常不能仔细理解别人，而且健忘多变。

描述性词语：
有影响力、有说服力、友好、善于言辞、健谈、乐观积极、善于交际
Steady——稳定型/支持者
高S型的人通常较为平和，知足常乐，不愿意主动前进。

在情感方面，S型人是一个温和主义者，悠闲，平和，有耐心，感情内藏，待人和蔼，乐于倾听，遇事冷静，随遇而安。S型人喜欢使用一句口头禅："不过如此。"这个特点使得S型人总是缺乏热情，不愿改变。

在工作方面，S型人能够按部就班地管理事务、胜任工作并能够持之以恒。奉行中庸之道，平和可亲，一方面习惯于避免冲突，另一方面也能处变不惊。但是，S型人似乎总是慢吞吞的，很难被鼓动，懒惰，马虎，得过且过。由于害怕承担风险和责任，宁愿站在一边旁观。很多时候，S型人总是焉有主意，有话不说，或折中处理。

在人际关系方面，S型人是一个容易相处的人，喜欢观察人、琢磨人，乐于倾听，愿意支持。可是，由于不以为然，S型人也可能显得漠不关心，或者嘲讽别人。

描述性词语：
可靠、深思熟虑、亲切友好、有毅力、坚持不懈、善倾听者、全面周到、自制力强

Compliance——完美型/服从者
高C型的人通常是喜欢追求完美的专业型人才。

在情感方面，C型人是一个性格深沉的人，严肃认真，目的性强，善于分析，愿意思考人生与工作的意义，喜欢美丽，对他人敏感，理想主义。但是，C型人总是习惯于记住负面的东西，容易情绪低落，过分自我反省，自我贬低，离群索居，有忧郁症倾向。

在工作方面，C型人是一个完美主义者，高标准，计划性强，注重细节，讲究条理，整洁，能够发现问题并制订解决问题的办法，喜欢图表和清单，坚持己见，善始善终。但是，C型人也很可能是一个优柔寡断的人，习惯于收集信息资料和作分析，却很难投入到实际运作的工作中来。容易自我否定，因此需要别人的认同。同时，也习惯于挑剔别人，不能忍受别人的工作做不好。

对待人际关系方面，C型人一方面在寻找理想伙伴，另一方面却交友谨慎。能够深切地关怀他人，善于倾听抱怨，帮助别人解决困难。但是，C型人似乎始终有一种不安全感，以至于感情内向，退缩，怀疑别人，喜欢批评人事，却不喜欢别人的反对。

描述性词语：

遵从、仔细、有条不紊、严谨、准确、完美主义者、逻辑性强

听众设计：为什么家长常常委婉地向孩子解释生理现象

在养育子女的过程中，很多家长都会有一个困扰，那就是当孩子问及自己是如何出生的时候，家长常常不知该如何巧妙应答。因为对于孩子而言，性始终是一个尴尬的问题。请看下面这样一则笑话：

妈妈怀孕了，4岁的海柯百思不得其解，她问爸爸未来的弟弟或者妹妹是如何生出来的。

爸爸向她解释道："先生出头，再生出身子，最后是两条腿，懂了吗？"

"懂了，爸爸，然后你用螺丝把它们组装起来，对吗？"

在这则笑话中，爸爸便委婉地解释了关于孩子如何出生的真相，没有涉及性层次方面的解释。从心理学的角度来看，描述这种情况有一个专门术语——听众设计。

所谓听众设计，是语言生成过程中第一步，简单地说，就是你说话的方式依赖于你的听众。比如，现在需要你向另外一个人介绍一幅画，听众是一个盲人与听众是正常人，所采用的表述方式肯定是不一样的。

哲学家保罗·格赖斯提出自然语言有其独特的逻辑关系，他认为会话的最高原则是合作，称为合作原则，也就是听众设计原则。

在合作原则下，人们在交际中要遵守如下四个准则：

1. 数量准则

使自己所说的话达到当前交谈目的所要求的详尽程度。不能使自己所说的话比所要求的更详尽。也就是说，你必须判断出你的听众真正需要的信息有多少。

2. 质量准则

不要说自己认为错误的话。不要说缺乏足够证据的话。即当你说话时，听者会假设你能够用合适的证据支持你的断言。当你说每句话前，你都必须考虑这句话所基于的证据。

3. 关联准则

说话要贴切，前后有关联。即你必须保证你的听者能够看出你正在说的如何与你以前说的相关联。如果你希望转移话题，那么，你便需要做出解释。

4. 方式准则

避免晦涩的词语。避免歧义。说话不要累赘，要简要。说话要有条理。

举个例子，比如你现在正在和你的朋友王华一起吃饭，此时，你接到了你母亲的电话，你母亲问你正在做什么，如果你的母亲并不知道王华是谁，从来没有听过这个名字，你便不会说："我正在和王华吃饭。"但是如果你的母亲也认识王华的话，你便会告诉母亲与你一起吃饭的人的名字。

很多家长在向年幼的孩子解释生理现象的时候，一般都不会讲述真正的生理知识，而是以委婉的方式来讲述，便是因为基于听众设计原则，家长必须从孩子的认知层次来解释这个问题，否则只会增加孩子的困惑，导致他们更加疑惑不解。

信念偏见效应：爱需要证明吗

在诠释信念偏见效应之前，先请看下面的这个三段论，并判断结论的对与错。

前提一：所有有发动机的东西都需要油。

前提二：汽车需要油。

结论：汽车有发动机。

大多数人都会说这个结论是对的，但是按照逻辑的规则，这种推论方式是不正确的。

再看如下的三段论——

前提一：所有的猫都有四条腿。

前提二：狗有四条腿。

结论：狗是猫。

关于猫的这个逻辑推理，你肯定会说这个结论是不正确的。

在产生认知时，相对于用其他事物（如猫）的情况，当用"汽车"时，人们更倾向于判断它是对的，这个结果说明了信念偏见效应，即人们倾向于把他们能为之构建一个合理的现实世界模型的结论判断为正确的，而把那些他们不能为之构建合理现实世界模型的结论，判断为是错误的。比如，对于汽车知识的了解把握使人们难以看出上面的结论是错误的。

奥斯卡获奖电影《美丽心灵》以诺贝尔经济学奖得主约翰·福布斯·纳什为原型，讲述了一个关于爱和人生意义的故事。在电影中，纳什与其女朋友（艾丽西娅）有如下一段对白：

纳什：艾丽西娅，我们之间的关系是否能保证长远的承诺呢？我需要一点证明，一些可以作为依据的资料。

艾丽西娅：你等等，给我一点时间……让我为自己对爱情的见解下个定义。你要证明和能作为依据的资料，好啊，告诉我宇宙有多大？

纳什：无限大。

艾丽西娅：你怎么知道？

纳什：因为所有的资料都是这么指示的。

艾丽西娅：可是它被证实了吗？

纳什：没有。

艾丽西娅：有人亲眼见到吗？

纳什：没有。

艾丽西娅：那你怎能确定呢？

纳什：不知道，我只是相信。

艾丽西娅：我想这和爱一样。

当纳什希望艾丽西娅为自己提供可以证明关系长久的资料时，艾丽西娅用宇宙类比，以此说明没有被证明存在过的事物也可以是存在的，就像她对纳什的爱情一样，是一种不需要被证明的事实真相。可以看出，艾丽西娅在认知世界时，没有受到信念偏见效应的影响——她对于事物的认知凭借的是合理的逻辑，而不是现实世界已经存在的模型。

信念偏见效应提醒我们，当我们在认知世界的时候，应该信仰逻辑，而不是已经存在的事物。比如，当一个人在30岁萌发转变职业方向的时候，常会选择他人的故事为参考依据，如果正好他知道有一个人30岁转变职业方向获得了成功，便会增强自己的信念，如果他恰好听到了30岁转变职业方向失败的故事，也许便会打消自己的念头。然而事实上，这个人转变职业方向后的成败并不取决于那些已经存在的故事，而是此人的内在因素。

同样，在爱情领域，热恋的男女常会让对方证明自己的爱，或许以感情付出的方式，或许以物质赠予的方式，似乎可以证明的爱才是爱。然而通过艾丽西娅的解读，我们可以判断出——不能够证明的爱不一定就是不存在的。

既视感：你为什么会对某些事物、某个场景感到似曾相识

你是否有过这样的经历：突然感觉眼前的场景无比熟悉，对于每一个细节都感到似曾相识，甚至对于接下来所要发生的一幕，你也了若指掌，恍若昨日重现一般。这种似曾相识的感觉便是"既视感"，指的是人类在现实环境中突然感到自己曾于某处亲历某个画面或者经历一些事情的感觉，就是没见过的场景、事物也仿佛见过的一种错觉。

根据目前心理学界的定义，既视感包括如下三种类型：

1. 某种场景好像在何时经历过

这是最常见的一种既视感，特点是感觉强烈，细节清晰，不仅仅是视觉，连听觉、味觉、嗅觉、触觉以及周围的一切，都好像是过去某个时刻的全部复制，就如同过去某个事件被你遗忘，现在突然想起来一样。不过，事实上，这并不是你所恢复的记忆，因为这种场景一般很短，只有几秒至几十秒。

2. 某种感觉好像在何时有过

这种感觉与场景经历不同的是，你所经历的不再是某个场景，而是某

种感觉，无论这种感觉是愉悦还是郁闷，你都会感到好像与这种感觉重逢一样。

3. 某个地方好像在何时去过

这种感觉的经历者是最少的，具体表现为一个人到达某个从未去过的地方时，感觉周围的环境是如此熟悉，对周围的每一个细节都了如指掌，仿佛曾经生活在这个环境中很长时间。

据科学调查显示，大约70%的人在一生中至少经历过一次既视感。人们为什么会出现这种似曾相识的感觉呢？——心理学家认为，这是因为在某些时候，人们无意识接受了某些信息，但自己却浑然不知，当人们再次接触无意识所接受的信息时，就会感到好像似曾相识一样。比如说，你去朋友家做客，你忽略了朋友家墙上的一幅油画，虽然主观上你不认为自己看到过这幅画，但是实际上这幅画的信息已经被你的记忆库所记录、所存储。经过一段时间后，当你再次看到这幅画的时候，你的大脑所记录和存储的相关信息就会被调出来，你就会想当然地认为已经看过这幅画了，于是，既视感便产生了。

尽管很多的人都会出现这种"似曾相识"的主观体验，但是每个人所发生的频率是不一样的。一般而言，人们更容易对一些与情绪密切相关的事情记忆深刻，因此当人们处于一种情绪不稳定的状态时，"似曾相识"发生的概率就比较大。

社会促进：为什么与朋友一起减肥会获得更好的效果

减肥是一件苦差事，是一场艰苦卓绝的毅力与惰性之战，对于那些意欲减肥的肥胖人士，减肥忠告常包含这样一条：与你的朋友一起减肥，你会获得更好的减肥效果。其实这句忠告并不是泛泛而谈，从心理学的角度来看，具有很大的科学性。

在心理学中，有一个名词叫做社会促进，也称社会助长，指个体完成某种活动时，由于他人在场或与他人一起活动而导致行为效率提高的现象。"他人在场"有三种形式：实际在场、隐含在场以及想象在场。19世纪末，心理学家特里普利特对社会促进现象进行了研究，他通过对三种条件下自行车竞赛成绩的测量，发现个人单独骑自行车的速度要比一群人一起骑自行车的速度慢20%。后来，他又以一群10～12岁的儿童作为实验对象，让他们进行卷线操作，发现团体卷线比单独工作的效率高10%。他根据这两个实验得出结论：团体工作效率远比个人工作效率高。

美国社会心理学家扎云克提出社会促进的驱力水平理论，对社会促进现象作出了解释。该理论认为他人在场时，可以提高个体的驱力水平。驱力水平的提高可以使人的优势反应更易于表现出来，如运动员在体育竞赛条件下大多能提高效率。扎云克的理论还认为，如果作业活动是复杂的、生疏的和技术性的，就会因为他人在场导致驱力水平的提高而降低工作效率。这是与社会促进相反的另一种现象，叫做社会抑制或社会促退。比如，当人们学习新行为或者正在从事复杂的智力活动时，如果有他人在场，将会导致学习效率降低，然而，随着个体重复操作复杂反应训练，使其变为个体熟练的优势反应后，则会出现社会促进现象。

针对社会抑制现象出现的原因，有人提出了"分心—冲突模型"。该理论认为他人的存在之所以会降低其工作绩效，是因为此时引起了个体两种基本倾向之间的冲突——即人们既不自觉地会注意周围观众或者与自己一起参与活动的人，又试图把注意力转移到自己不熟悉的活动中——这便导致个体分心，无意识中影响了工作绩效。

关于社会促进现象，有如下两种效应：

1. 结伴效应

在结伴活动中，个体会感到某种社会比较的压力，从而提高工作或活动效率。

2. 观众效应

个体从事活动时，是否有观众在场，观众多少及观众的表现对其活动效率有明显的影响。

针对减肥这项活动，加入一个群体，会更有助于个体减掉体重，就是因为结伴效应发挥了正面的效用。

第三章
让你人见人爱最受欢迎的10大社交影响力法则

【本章心理学冷知识关键词】

首因效应｜曝光效应｜登门槛效应｜契可尼效应｜适度原则｜刺猬法则｜晕轮效应｜名片效应｜变色龙效应｜鸡尾酒会效应

首因效应：第一印象的重要性

两个人初次见面时，留给对方的第一印象非常重要。也许很多人会说："我不以第一印象来判断别人。"实际上，第一印象或多或少都会对人物的整体评价产生影响。

有人曾经做过这样一个实验：

实验人员先是找到一个班级，对全班的学生读以下两个人的简单介绍：

A君，28岁，男性，供职于A商业公司。同事们都对他的勤奋、认真表示赞许。他的缺点是不够耐心，不过深得部下的信任。

B君，28岁，男性，供职于B商业公司。他的缺点是不够耐心。同事们都对他的勤奋、认真表示赞许，而且深得部下的信任。

第二天，实验人员再到这个班级，询问同学们对这两个人的印象。提到A君时，给人留下的印象是勤奋、认真；提到B君时，对他不够耐心的缺点印象更加深刻。

两个人的简介内容基本是一样的，读者也许感觉不到太大的差别。两个人都有不够耐心的缺点，只是"不够耐心"在介绍文中出现的位置不同罢了。放在前面，就更容易让人记住。换句话说，开头出现的内容，将左右一个人的整体评价。

在我们的日常生活中，也会有这样的现象。第一次去相亲，第一次拜访某个客户，或者去面试前，我们总会听到这样的劝告："打扮得漂亮一点，第一次见面要给人留个好印象。"

第一印象真的很重要吗？

在人的心里，初次见面时会形成对一个人的印象。

印象是通过下面四种信息形成的：

身体的特征：长相、体型等；

外观的特征：服装、发型等；

说话的特征：说话方式、声音、语速等；

行为的特征：表情、动作、姿势、态度……

还有，以前听到的关于这个人的信息也会左右自己对他的印象。例如，听到过别人对于甲、乙两人的品评。

甲：好嫉妒、顽固、好批评人、冲动、勤奋、聪明。

乙：聪明、勤奋、冲动、顽固、好批评人、好嫉妒。

你会对谁抱有好感呢？

根据所罗门·阿希（Solomon Asch）的实验，大多数人对乙抱有好感。即使传言的内容相同，但最初听到的信息（甲"好嫉妒"，乙"聪明"）会影响整体印象的方向，还会改变后续信息的意义。像这样，最初的信息对印象的形成会有很大程度的影响，叫做首因效应。

第一印象会影响后来的人际关系。第一印象好对人际关系是十分有利的。如果一个人留给你的第一印象是随和温暖的，那么你会自然地无拘无束地接近那个人。这样对方对你的印象也会很好，会和你融洽地谈话。这时，你就会想"果然，这个人很随和"，从而印证对方留给你的第一印象。如果对方给你的印象傲慢、邋遢，总之，让你的心里很不爽，你也会在心里给对方打上一个叉。

马明赶到海通公司参加最后一轮应聘，主考官正是公司的谢老总。临到考试快要结束，马明才满头大汗地赶到了考场。谢老总瞟了一眼坐在自己面前的马明，只见他大滴的汗珠子从额头上冒出来，满脸通红；上身一件红格子衬衣，加上满头乱糟糟的头发，给人一种疲疲沓沓的感觉。谢老总仔细地打量了他一阵，疑惑地问道："你是研究生毕业？"似乎对他的学历表示怀疑，马明很尴尬地点点头回答："是的。"

接着，心存疑虑的谢老总向他提出了几个专业性很强的问题，马明渐渐静下心来，回答得头头是道。最终，谢老总经过再三考虑，总算决定录用马明。

第二天，当马明来上班时，谢老总把他叫到自己的办公室，对他说："本来，在我第一眼看到你的时候，我就不打算录用你，你知道为什么吗？"马明摇摇头。谢老总接着说："当时你的那副样子实在让人不敢恭维，满头冒汗，头发散乱，衣着不整，特别是你那件红格子衬衫，更是显得不伦不类的，不像个研究生，倒像个自由散漫的社会小青年。你给我的第一印象太坏。要不是你后来在回答问题时很出色，你一定会被淘汰。"

马明心里暗自庆幸，不过也给自己提了个醒：以后与陌生人第一次见面，千万要注意自己给别人的第一印象啊！

马明给面试官的第一印象使他差点丢掉了工作。不过，他还比较幸运，自己的才华没有被埋没。遗憾的是，许多人可能就不那么走运了。《三国演义》中有一个故事：大才子庞统，准备效力东吴，于是找到一个机会面见孙权。孙权是一个爱才惜才的人，但见到庞统相貌丑陋，心中先有不快，又见他谈话态度傲慢，目中无人，于是将他拒于门外。

庞统因为给孙权的印象不好，遂使他的才能得不到发挥。后来投奔刘备，刚开始也因为相貌受到冷遇，后来才能逐渐被刘备知晓，才被委以重用。可见对第一印象的重视，自古皆然。

美国前总统林肯曾经说过："一个人过了四十岁，就应该为自己的面孔负责。"天生的容貌我们或许无法改变，但可以通过提高自身修养来整饰自己的形象，为将来的成功奠定基础，搭好台阶。

要切记，第一印象一旦形成，要改变它就不那么容易，即使后来的印象与最初的印象有差距，很多时候我们会自然地服从于最初的印象。因此，我们应该重视与人交往时留给他人的第一印象。

曝光效应：遇到面熟的人会有亲切感

20世纪60年代，心理学家荣茨做过实验：先向被试者出示一些照片，有的出现20多次，有的出现10多次，有的只出现一两次，然后请被试者评价对照片的喜爱程度。结果发现：被试者更喜欢那些看过若干次的照片，即看的次数多就增加了喜欢的程度。

另一位心理学家通过一个实验证实了上述观点：在一所大学的女生宿舍楼里，心理学家随机找了几个寝室，发给她们不同口味的饮料，然后要求这几个寝室的女生，以品尝饮料为理由，在这些寝室间互相走动，但见面的时候不得交谈。一段时间后，心理学家评估她们之间的熟悉和喜欢的程度，结果发现：见面次数越多，互相喜欢的程度越大；见面的次数越少或根本没有，互相喜欢的程度也较低。

实验中这种对越熟悉的东西越喜欢的现象，心理学上称为曝光效应。

为什么有些人我们只是见过几次，就会感觉距离很近呢？

在日常生活中，我们上学、上班的时间基本上是固定的。如果经常在同一个时刻，在同一个汽车站或候车室的话，总会有几个面熟的人。对这些面熟的人，即使没有说过话，也会有一种亲近感，就像对朋友伙伴的感觉一样。看到他们的身影，我们会缓解慌乱的情绪。

我们对人产生好感甚至喜欢上别人，是出于什么原因呢？其实，上下学、上下班时，从不相识到面熟的这一过程，都会成为开始喜欢别人的契机。

当我们被问到为什么会喜欢这个人，是什么魅力吸引了你时，一般我们都会列举这个人的相貌、人品为理由。但是，当我们不太了解一个人时，也可能会对他抱有好感。我们一般不会注意上下学、上下班时那些面熟的人的相貌和衣着，也看不出他们的行动中有什么醒目的特征，只是看着他们沉默站立的身影。但随着每天的重复、看到对方次数的增多，我们对对方的好感也会增强。这就是曝光效应，即仅仅因为与对象人或对象物接触次数的增多，对这个人或者这个事物的好感也会增强。

因为懂得了这一道理，一位推销团体保险的推销员获得了良好的业绩。

谁都知道，如果想取得一家公司的团体保险，必须先说服公司的领导，不过，这些领导通常都忙得没时间坐下来与人闲聊。因此，一般的推销员，只要遇到某领导有一点空闲时间，便抓住不放。结果，虽然是长谈了，却引起了对方的反感，导致推销失败。

而这位成功的推销员则不同，他不求与客户一次见面时间长，只求见面次数多。只要见到对方很忙碌，他便迅速地离去。对方心存感谢，对他产生了好感。如此三番五次后，对方被感动了，最终答应投保。

推销员的故事就是说明了这样一个道理：如果想缩短与对方的距离，增加对方喜欢自己的程度，不妨多制造见面机会。

另外，我们对离自己距离近的人更容易产生好感。心理学称之为接近性因素。在单位或者教室里，我们更容易去亲近那些座位离自己近的人。同时，如果对方离自己越近，见面的概率就会越大。因此，曝光效应和接近性因素之间也是存在一定关系的。这两者都可以起到缩小心理距离的作用。

美国的心理学家康恩曾经做过这样一个实验，实验的目的是测试与异性谈话时，一般人会对多大距离的男女产生好感。

在这项实验中，如果被测试的对象是男性的话，就叫两名女性去跟这名男性进行谈话，其中一名女性坐在距离他五十厘米的沙发上，而另一名女性则坐在距离他两厘米的椅子上。谈话时，这两名女性的态度完全相同。

实验结果表明，男性对坐得离自己较近的女性，更容易产生好感。

同样，实验的对象换成女性时，也是对身旁距离近的男性更易产生好感。

这就是所谓的接近性因素的功效。因为，彼此距离缩短的同时，双方的戒备心理也开始放松，而且有产生亲密感的心理倾向。因此，要想缩短与某人的心理距离，可先缩短彼此的空间距离。

登门槛效应：先进门再提要求

在一个风雨交加的夜晚，有个饥寒交迫的穷人到富人家门口行乞。他对看门的仆人说："你能让我进去暖和一下吗？我在你们的火炉旁烤干衣服就行了！"仆人认为这点要求不算什么，就让他进去了。接着，这个可怜的穷人请求厨娘借给他一口锅，以便让他"煮点石头汤喝"。"石头汤？"厨娘很好奇，"我倒是想看你怎样把石头做成汤。"她答应了。

于是，穷人从口袋里拿出一块在路上捡的石头，洗净后放进了锅里煮，在锅中加入水，然后，他又对厨娘说："可是，你总得放点盐吧？"厨娘觉得这没什么，就给了他一些盐。

后来，穷人说，汤里要是再添点蔬菜，味道就更好了，于是厨娘就给了他一些蔬菜；最后，穷人又说，要是汤里有点肉末，就是天底下最好的美味了，厨娘想尝尝天底下最美的味道，就给了他一些肉末。

汤终于熬好了，果然是味道不错的"石头汤"。这个饥寒交迫的穷人，仅凭着一颗石头，就喝到了一碗美味可口的肉汤。他的目标的实现，在于他一步步地提出要求，厨娘一步步地答应他的要求。

这个聪明的乞丐告诉我们一个道理：为了达到看似很难的目标，有时候，我们可以先让对方满足自己一个小小的愿望，然后再得寸进尺。这在心理学上叫做登门槛效应。这个名字来源于一个实验：

1966年，美国社会心理学家弗里德曼和他的助手弗雷泽做了这样一个实验。他们找来两个大学生，让他们到两个居民区劝人们在房前竖一块写有"小心驾驶"的大标语牌。在第一个居民区向人们直接提出这个要求，结果遭到很多居民的拒绝，接受者仅为被要求者的17%；在第二个居民区，先请求各居民在一份赞成安全行驶的请愿书上签字，这是很容易做到的小小要求，几乎所有的被要求者都照办了。几周后再向他们提出竖牌的要求，结果接受者竟占被要求者的55%。

对于登门槛效应，在心理学上的解释是：人们拒绝难以做到的或违反意愿的请求是很自然的，但是人们一旦对于某种小请求找不到拒绝的理由，就会增加同意这种要求的倾向，而当他卷入了这项活动的一小部分以后，便会产生一定认知和态度。这时如果他拒绝后来的更大要求，就会出现认知上的不协调，于是恢复协调的内部压力就会支使他继续下去，或做出更多的帮助，并使态度成为持久的。

其实，在生活中，这种技术很多人都会不自觉地用到。比如，一个男孩在追求自己心仪的女孩时，总是先约女孩看电影、吃饭，然后才提出交往的要求；劝朋友喝酒的人，总是会先让朋友"浅尝一口"，等朋友喝下第一口后，继而把朋友灌得酩酊大醉。

还有，我们到商场选购衣服，有时候正在买与不买间犹豫，很多导购小姐就会说："先试穿衣服，买不买没关系。"当我们把衣服穿在身上，她便会趁机说"这件衣服很适合你"、"你穿起来真漂亮"之类的话。这个时候，我们再脱了衣服离开显然有点不好意思，只好掏腰包了。

心理学家D·H·查尔迪尼做了这样一个实验：他代替某个慈善机构进行了一次募捐活动。在募捐的过程中，查尔迪尼对一些人这样说："请你帮助，哪怕一分钱也好。"而对另外一些人则没有说这句话，只说："请你慷慨捐助。"结果，前者的捐助比后者要多两倍。

如果一下子向别人提出一个不容易达到的要求，人们一般很难接受，若能逐步提出要求，将一个大的要求或目标分解为若干较小的要求或目标，人们就比较容易接受。

在1984年的日本东京国际马拉松邀请赛上，名不见经传的矮个子日本选手山田本一出人意外地夺冠，有人觉得这是运气。

两年后，在1986年的意大利米兰国际马拉松邀请赛中，山田本一再次夺冠，令人们大惑不解。

后来，他在自传中解开了这个秘密："每次比赛之前，我都要乘车把比赛的线路仔细地看一遍，并把沿途比较醒目的标志画下来，比如第一个标志是银行，第二个标志是一棵大树，第三个标志是一座红房子……这样一直画到赛程的终点。比赛开始后，我就以百米的速度奋力向第一个目标冲去，等到达第一个目标后，我又以同样的速度向第二个目标冲去。40多公里的赛程，就被我分解成这么几个小目标，轻松地跑完了。起初，我不懂这样的道理，我把目标定在40多公里外的终点上的那面旗帜上。结果我跑到十几公里就疲惫不堪了，我被前面那段遥远的路程给吓倒了。"

这是山田本一的智慧，也可以看做是"登门槛的智慧"，将看似不可能完成的大目标划分成一个个小目标，在可行的范围内，一步步地去完成，最终积江河以成大海，积跬步以至千里。

心理学上的这个登门槛技术，运用在我们的生活中就是，要达到自己的目标，首先要进入别人的门槛；而要防止别人达到他的目标，则要首先阻止别人进入你的门槛。这听起来似乎有些矛盾。如何处理这个矛盾，便是一项技巧了。

契可尼效应：难以忘记初恋的秘密

结婚后的艳文仍然忘不了她的初恋。特别是每当和老公吵架后，艳文对初恋的那段感情的回忆更为强烈。

艳文和她的初恋男友是十年前的同学、朋友，如果不是因为父母的干涉，不是因为后来命运的阴差阳错，他们两个人也许早在一起了，命运注定他们只做了普通朋友。

去年圣诞节，艳文和老公吵架后和他去喝酒。艳文喝醉了，然后背叛了家庭和初恋男友发生了关系。事情发生以后，艳文和他都觉得难以面对。初恋男友叫艳文离婚，并且说要等艳文一年时间，因为他三十二岁了，单身，家里也给了他很大的压力。

艳文觉得这种日子真的很痛苦，一方面觉得自己再也没脸面对老公了，另一方面初恋男友的存在时时提醒艳文他的痛苦，等待的痛苦。

很多次，艳文想跟他提出分手，做回朋友也好，或者陌生人，各自回到以前的生活，但是又觉得难以割舍。这种滋味真的比死还难受。

艳文想过什么都放弃和他在一起，但是本来已经很对不住老公了，而且虽然吵架归吵架，但也没有什么非要离婚的理由，而且，一吵架就要离婚，在双方的父母那儿也说不过去。

艳文现在对自己的未来没有一点信心，害怕到头来没有好结果。

尽管现在的年轻人流行快节奏的"速食爱情"，但夜深人静的时候，还是会有人为第一次真挚的爱情流下眼泪。艳文的不安与惶恐，说明初恋的这份爱情在她的心目中有着很重的分量，有难以割舍的"初恋情结"。

苏联心理学家库兹涅佐娃说："初恋的爱情创下的财富，是第二次爱情难以达到的……初恋留下的烙印在心灵上是如此深刻，以致失去初恋留下的心灵创伤是无法痊愈的。"

初恋所具有的魔力是什么？也许心理学上的契可尼效应可以解释它非同寻常的力量。

心理学家契可尼曾经做过一系列的相关实验，发现人类有很重的"未完成情结"。我们对已经完成的事情总是很容易忘怀，而对那些因为某种原因而没有完成的事情却总是记忆犹新。

众所周知，初恋之所以总是让人难忘，其中一个重要的原因就是，大多数人的初恋都是没有结果的，有些人把它比做青春之树上的一个酸苹果，就是这个原因。

除此之外，人类的记忆还有一种奇特的功能，就是在一些痛并快乐着的经历过后，我们的记忆会选择记住那些美好的部分——心理学家把这种效应称作记忆的乐观主义。就像一位经历过痛苦分娩过程后的妈妈，当看到新生儿的那一刻，她就会忘记分娩的痛苦，沉浸在甜蜜中了。同样，人们在回忆起初恋时，往往都是关于对方的一些美好的记忆。

昨天晴儿预订了结婚照，下个月拍照、再下个月取照片做喜帖，应该能赶得及八月份的婚礼。

按理说，待嫁的新娘应该是最幸福最光鲜的，可晴儿却是怎么也开心不起来——因为她很清楚，自己将要嫁的并非所爱之人。除了爱情以外，也许有人会因为感恩、感动而踏上红地毯，可晴儿呢，却是因为自己的无法选择。

随着婚期临近，晴儿越来越无法控制自己的情绪，为自己，为未婚夫，更为了她的初恋男友——阿齐。

晴儿和阿齐是中学同学，早在高中时就已经是班上同学公认的一对。可是那时也许是年纪太小的缘故，根本拿捏不了自己的感情，那几年的时光，只是在吵吵闹闹分分和和中匆匆度过。

高中毕业后，晴儿找了份工作，而阿齐则考上了一所远方的大学，两个人不再是天天黏在一起的"一对"。晴儿努力工作拼命赚钱，想的是哪天才能存够买房的首付款；而阿齐关心的却完全不同，他关心的对晴儿而言已完全很陌生。

毕业还不到一年，晴儿与阿齐之间的鸿沟已是无法跨越，"分手"两字不用说出口，彼此却都已经很自然地接受了这个事实。

后来，到了结婚的年龄，家里给晴儿介绍了对象。对方条件很不错，人也很老实，晴儿也想不到反对的理由。于是就定下来了。

可现在，晴儿觉得很惶恐，很不安，阿齐的影子总在自己的脑海中挥之不去……

晴儿的惶恐与不安是很正常的，或许是由于她的"未完成情结"；但是这并不能代表现在的选择就是错的，除非继续为了心中的初恋而暗自神伤。

初恋的感受让我们难以忘怀，其实是我们的心理机制在起作用。即使是一段最终没有结果的恋情，留给我们的也是美好的青春回忆。如果那些为初恋留下的遗憾而伤神的年轻人以这样的心理学知识去解读初恋，或许就不会总是为没有结果的初恋而懊悔和伤感了。

适度原则：对朋友也要把握分寸

作为美国的开国元勋和杰出的科学家、政治家，本杰明·富兰克林深受世人敬仰。并且他还是一个颇具智慧的人。

一天，富兰克林和一名年轻的助手一道外出办事，看到前面不远处正走着一位妙龄女郎。富兰克林认出她是政府的一位职员，平时很注重自己的外在形象，总是修饰得大方得体、光彩照人。突然，那位女郎脚下一个趔趄，身体失去平衡，一下子跌倒在地上。助手要大步上前去扶她，富兰克林却示意他暂时回避。于是，两人暂时躲避在一拐角处，悄悄地注视着那位女职员。只见那位女职员站起来，环顾四周，掸去身上的尘土，很快恢复了常态，若无其事地继续前行。等那位女职员渐行渐远，助手迷惑地问他为什么这样做。富兰克林淡淡一笑，反问道："年轻人，你难道就愿意让人看到自己摔跤时的窘迫样子？"助手恍然大悟。

在人生的旅途上，谁没有"摔跤"的时候呢？摔跤时，人们会倍感尴尬、狼狈、脆弱和痛楚。此时，人们最需要拥有一个抚平创伤、恢复自尊的时间和空间。

朋友有困难时，我们为朋友会两肋插刀，会义不容辞地帮忙。总之，我们对朋友有着无尽的关爱。但是，这种关爱有时会成为朋友的一种负担。

对于朋友，我们只能建议，只能提供我们的想法让他参考，但无权替他作出任何的决定。凡事皆有度，过分强为，是不明智的。客观地来讲，我们只是朋友生活的旁观者而不是感同身受者，所以，我们劝告的出发点并不一定适合于他，或是并不符合他实际的生活状况，只能由他自主选择。

心理学家告诉我们与人交往要把握适度原则，"适度"就是指跟某个人交往不过于亲密也不过于疏远。适度原则不仅适用于同普通人的接触，也适用于朋友。不要认为是好朋友就可以随便，朋友之间也是要把握分寸的。

小李刚毕业没多久，怀着十二万分的感恩之心到新单位报到。当她的很多同学还在为工作发愁的时候，她已经安然坐在这家跨国公司的某个小方格里开始她的职业生涯，这让她有一种受宠若惊的感觉，也让她对自己的顶头上司王女士的力荐心存感激。小李对自己说："一定要好好干。"

小李工作很认真，对同事很热情，相应地，大家对她的评价也不错。渐渐地，小李把大家当成了亲人和朋友。小李心里想：外企并不像他们说的那么复杂呀，起码我在的这个部门人情味还挺重的。因为觉得同事们都很好，小李也尽力帮助别人，比如说帮张姐复印资料，每次可都是一大沓，起码半小时；帮王女士修改计划书，她总能在其中发现不少的语法错误，王女士总是懒得自己动手去改。每当别人说"谢谢"的时候，小李心里都很美。

到后来，因为顺路，小李主动提出帮王女士买早餐。"王女士对自己挺不错的，作为一个朋友，偶尔买次早餐也是应该的。"小李这样对自己说。直到有一天，小李无意中听到别的部门的人说到自己："那个新来的小李呀，一看就比较小家子气，做个助手应该还不错，成不了大事。""你觉不觉得她挺爱巴结人的？"听完这些闲言碎语，小李感到自己很委屈。

别人有困难，作为一个朋友帮忙是应该的。但平时也主动地献殷勤，这就有些谄媚的成分。小李的错误就在于没有把握好和朋友相处的这个"度"。

朋友之交在于信、在于义，但是之所以为朋友，在于保持适度的距离，不要以为自己的看法和意见就是唯一。我们有义务为朋友提供帮助，但是，我们没有权力要求朋友一定得服从我们的意见而强人所难，这是谁也不愿接受的。适可而止，是维系友谊以至于一切社会关系的艺术。凡事总有一定限度，朋友之谊、同事之道，取决于我们的真诚胸襟。

人们都有自己的计划和目标，都知道自己该如何去做，都有自己的主见。朋友只是相互勉励，坚定其志向，并不是相互依从与服从的关系。

任何人都有自己的思想和行为方式，谁也不能代替别人思考，谁也不能代替别人选择什么！我们只要将我们自己的经验和想法委婉地告诉朋友，至于是否听取，取决于他自己，应当由他自主决定。不要凌驾于他人之上，替他人设计。任何人都是独立的，都具有独立的人格，都有自己选择生活的权利，其对生活的感受都是独特的。

刺猬法则：人与人之间的距离

生物学家曾经做过这样一个实验：

在寒冷的冬季，将十几只刺猬放到户外的空地上。困倦的刺猬被冻得浑身发抖，因而它们拥抱在一起相互取暖，但是由于它们浑身上下都长满了刺，紧挨在一起就会刺痛对方，迫使对方又分开。距离分开，就会冷得难以忍受；挨得太紧，身上会被刺痛。这样反反复复折腾了好几次，它们终于找到了一个比较合适的距离，既能够相互取暖又不会被扎。

这就是著名的"刺猬法则"。

许多人都有这样的经验和体会：与某人的关系越亲密，对方就好像渐渐露出了刺猬的特性，越容易经常与其发生摩擦和矛盾，反倒不及与初次见面者交往容易。家庭成员、情侣之间常常相互埋怨，正是这种情况的表现。按理说应该是交往得越深，就越容易相处，相互之间的人际关系也越好，可事实上并非如此。原因何在？

这其实可以用心理学上的刺猬法则来解释。当你对一个人了解得不全面时，很容易被对方的优点所吸引，对对方产生敬佩或表示喜欢；与其亲密接触一段时间后，两人的关系发展到一定的深度，对方的缺点就日益显露出来，你就会在不知不觉中改变自己的观念和感情，甚至变得非常失望与讨厌他。夫妻、恋人、朋友以及师生之间都会有这种情况。

在美国著名人类学家爱德华·霍尔博士看来，通常而言，彼此间的自我空间范围是由交往双方的人际关系与他们所处的情境来决定的。据此，他划分了四种区域或者距离，每种距离分别对应不同的双方关系，分别是：亲密距离、个人距离、社交距离、公众距离。

在人际交往的过程中，人们之间的空间距离并非是固定不变的，它具有一定的伸缩性，这主要依赖于具体情境和交谈双方之间的关系、性格特征、社会地位、心境以及文化背景等。

我们在了解了交往过程中人们需要的自我空间和交往距离后，就应当有意识地选择和他人交往时的最佳距离，以便能更好地进行人际交往。

法国前总统戴高乐有一句座右铭是：保持一定的距离！他还说"仆人眼里无英雄"，意思是人在和他人的交往过程中应该留有一定的余地——相应的心理距离，否则伟大也会变得平凡。

戴高乐是一个非常会运用心理距离效应的人，他的座右铭也深刻地影响了他与自己的顾问、智囊以及参谋们的关系。在他担任总统的十多年岁月中，他的秘书处、办公厅与私人参谋部等顾问及智囊机构中任何人的工作年限都不超过两年。他对刚上任的办公厅主任总是说："我只能用你两年。就像人们无法把参谋部的工作当做自己的职业一样，你也不能把办公厅主任当做自己的职业。"这就是他的规定。

戴高乐有着他自己的考虑：第一，他觉得调动很正常，而固定才不正常。这可能是受部队做法的影响，因为军队是流动的，所谓"铁打的营盘流水的兵"；第二，他不想让"这些人"成为自己"离不开的人"。唯有调动，相互之间才能够保持一定的距离，才能够确保顾问与参谋的思维、决断具有新鲜感及充满朝气，并能杜绝顾问与参谋们利用总统与政府的名义来徇私舞弊。

戴高乐的这种做法值得我们深思：如果和下属之间没有距离，领导的决策就会过分依赖于秘书或者某几个人，易于受他人的影响，一旦他们假借领导名义谋一己之私，后果将会非常严重。两者相比，还是保持一定距离为好。

通用电气公司的前总裁斯通在工作中就很注意身体力行刺猬理论。在工作场合和待遇问题上，斯通会经常表示其对部下的关爱，但在工作之外，他与部下保持着一定的距离。他从不邀请管理人员到家做客，也从不接受他们的邀请。正是这种保持适度距离的管理，使得通用的各项业务都能够顺利得到开展。

与员工保持一定的距离，既能保持斯通的权威和别人对他的尊重，也不会使他与员工的关系过于亲密而影响到他的管理和决策。这是一种最佳的人际交往状态。

在平时的人际交往过程中，也需要把握好其中的尺度。尽管我们有着良好的愿望，希望自己所拥有的人际关系亲密度越高越好，但还必须记住"亲密并非无间，美好需要距离"。

比如，要尊重别人的隐私。每个人都有自己的心理秘密，不论多么亲密的人际关系，也不希望有人踏入禁区。即使亲密如夫妻、父母与子女，或铁杆儿的朋友之间，也有自己的私人空间。其实，越是亲密的人，越要尊重对方的隐私。这种尊重表现为不随便打听、追问他人的内心秘密，也不随便向别人吐露自己的隐私。过度的自我暴露，却存在向对方靠得太近的问题，容易使人心生反感。

晕轮效应：情人眼里出西施的根源

晕轮效应又称光环效应、以点概面效应，指的是在人际知觉中所形成的以点概面或以偏概全的主观印象。

人们对于他人的认知判断首先是根据个人的好恶得出的，然后再从这个判断推论出认知对象的其他品质。如果认知对象被标明是"好"的，他就会被"好"的光圈笼罩着，并被赋予一切好的品质。这种强烈知觉的品质或特点，就像月亮形式的光环一样，向周围弥漫、扩散，从而掩盖了其他品质或特点，所以晕轮效应也形象地被称为光环效应。

心理学家爱德华·桑戴克做过一个这样的实验。他让被试者看一些照片，照片上的人有的很有魅力，有的无魅力，有的中等。然后让被试者在与魅力无关的特点方面评定这些人。结果表明，被试者对有魅力的人比对无魅力的赋予更多理想的人格特征，如和蔼、沉着、好交际等。

晕轮效应最早是由美国著名心理学家爱德华·桑戴克于20世纪20年代提出的。他认为，人们对人的认知和判断往往只从局部出发，扩散而得出整体印象，也即常常以偏概全。一个人如果被标明是好的，他就会被一种积极肯定的光环笼罩，并被赋予一切都好的品质；如果一个人被标明是坏的，他就被一种消极否定的光环所笼罩，并被认为具有各种坏品质。这就好像刮风天气前夜月亮周围出现的圆环（月晕），其实，圆环不过是月亮光的扩大化而已。据此，桑戴克为这一心理现象起了一个恰如其分的名称晕轮效应，也称作光环作用。

通过上面的笑话，由此你也可以理解为什么明星总是有那么多绯闻了，我们总是对于媒体关于明星的丑闻爆料十分感兴趣，对此津津乐道，然而事实上，我们所看到的关于明星的形象都是媒体所展现给我们的那圈"月晕"，或许这些故事只是媒体的断章取义，与事实的真相相距十万八千里。

名片效应：相似的态度和价值观有助于形成优质的人际关系

在人际交往中，如果首先表明自己与对方的态度和价值观相同，就会使对方感觉到你与他有很多的相似性，从而很快地缩小对方与你的心理距离，使其愿意与你接近，从而结成良好的人际关系——这便是名片效应。相似的态度和价值观就犹如一张心理名片，将自己以实现良性互动的目的介绍给了对方。

如果希望在人际交往中产生名片效应，首先便要向对方传播一些他们可能感兴趣和喜欢的观点和思想，然后再不经意地将自己的观点渗透其中，这样便会让对方产生一种印象，认为你的思想观点与他们的极为类似，从而拉近彼此的关系，增加交际对象对你的认同感。

有这样一个关于里根总统的笑话，一次，里根面对的是一群意大利血统的美国人，他说道："每当我想到意大利人的家庭时，我总是想起温暖的厨房以及更为温暖的爱。有一家意大利人刚开始住在狭小的公寓房间里，后来他们迁到了乡下的一座大房子里。一位朋友问这家一个12岁的儿子托尼：'喜欢你的新居吗？'孩子回答说：'我们喜欢，我有了自己的房间。我的兄弟也有了他自己的房间。我的姐妹们都有了自己的房间。只是可怜的妈妈，她还是和爸爸住一个房间'。"毋庸置疑的是，里根在讲话中传达出自己对于意大利人的正面印象，这种说辞自然能赢得意大利血统美国人对自己的认可，拉近自己和选民的心理距离。从某种意义上来看，里根正是恰当运用了名片效应对人际互动的积极影响。

一般而言，人们总是更喜欢与自己价值观和情感倾向类似的人，这有助于他们提高自我认同度，减少自己和外界的冲突，由此也可以理解人们为什么总是对偶遇知音如此欢欣雀跃了。

变色龙效应：模仿对方的身体语言，你会更受欢迎

变色龙效应是指人们经常无意识地模仿其他人的姿势、怪癖和面部表情的心理学现象。通过实验，心理学家巴奇和查特朗识别了以变色龙效应表现出来的部分肢体语言，他们进而得出结论：如果一个人模仿了他人的手势或者身体姿势，人们往往会更喜欢这个人。

巴奇和查特朗做了这样一个实验，他们让78名被试坐下来分别与一名实验者进行交谈，在交谈的时候，实验者故意改变交谈中的习惯动作，比如露出更多的笑容，与被试进行频繁的面部接触、脚部不停地摆动。

结果发现，被试确实会不经意地模仿实验者的习惯动作。心理学家发现，在所有的被试中，面部接触的比例上升了20%，被试脚部摆动的比例上升了50%。

继而，巴奇和查特朗便想验证模仿是否能增进好感的观点，于是，他们又做了第二个实验，他们安排78名被试在一个房间与另一名实验者（以陌生人的身份出现）就一张照片分别进行交谈，在交谈的过程中，实验者会主动模仿一部分被试的肢体语言，当交谈结束后，心理学家让被试对实验者的好感度和交流的顺利程度作出评价。

结果显示，针对好感度和交流顺利程度两个方面，被模仿者给实验者打出了6.62和6.76的平均分数，而未被模仿者提供的平均分数只有5.91和6.02。实验说明，人们的确更喜欢那些模仿自己身体语言的人。

变色龙效应属于一种社交互动中的温暖回应，实验表明，确实大多数人会在交谈中不自觉地模仿对方的身体语言，而且人们还会从这种模仿行为中无端受益，因为人们倾向于喜欢那些模仿自己的人。

鸡尾酒会效应：为什么你能在嘈杂场所听到自己的名字

在人声嘈杂的鸡尾酒会上，人们隔着几个人仍然能与某个人聊天，清楚地听到对方在说什么，但是对于身边的人的交谈内容却常常听不清楚，尤其是如果一个人与你隔着很远的人正在叫你的名字，不论现场多么喧闹，你也能分辨出来，向声音的发出方望去。在鸡尾酒会上，人们总是听到了自己想听的，这种现象被称为鸡尾酒会效应。

对于鸡尾酒会上的这一独特现象，可用美国心理学家特瑞斯曼（Treisman）的衰减模型来解释——当人的听觉注意集中于某一事物时，意识将一些无关声音刺激排除在外，而无意识却监察外界的刺激，一旦一些特殊的刺激与自己有关，就能立即引起人们的注意。这一效应也有心理学实验为证，实验者让被试戴上耳机，让他的两个耳朵听不同内容的东西，在听的过程中，让被试说出其中一个耳朵（追随耳）听到的内容。当摘下耳机后，则要求被试说出另一个耳朵（非追随耳）听到的内容。结果发现，被试一般都没听清楚非追随耳的内容，即使当原来使用的英文材料改用法文或德文呈现时，或者将材料内容颠倒时，受试者也很少能够发现。

实验表明，从追随耳进入的信息，受到了被试的注意，而从非追随耳进入的信息，被试则没有注意到。不过，如果在非追随耳的内容中加入受试者的名字，受试者则能清楚地听到——这也是为什么人们在鸡尾酒会上对自己的名字非常敏感的原因所在。

第四章
让你脱颖而出的10大职场心理学黄金定律

【本章心理学冷知识关键词】

PM理论｜布利斯定律｜齐氏效应｜彼得原理｜月曜效应｜认知失调理论｜合法化效应｜印象管理｜包装效应｜帕金森法则

PM理论：你的上司是什么类型

在以前的单位中，陆军的上司特别怕老板，处理许多事情时都特别"腼腆"。陆军上司的脾气比较好，很少发火，陆军和几个下属就渐渐对他失去戒心，变得比较"放肆"，平时有什么意见，也很少顾忌，照直说，上司也总是笑容满面，一点也不介意。

陆军所在的是一家为客户做加工生意的公司。在加工制作的价格上，上司一直死扛着，不肯灵活运作，这样一来，业务量少了许多，业务员们都十分有意见，骂他是猪脑子。

有一次，陆军接到一个小定单，可对方却把价格压得特别低。上司劝陆军不要以这个价格接，以免出事，可陆军急于挣钱，死磨硬泡，固执地要求上司让自己接下这个单子，并叫来所有的业务员一块向他"示威"，上司没有坚持，答应了陆军的要求。

因为必须把成本降到最低，为了保证公司的利润，所以公司使用的原料不得不降了档次。货交出去以后，没想到，客户竟一下子变成了专家，看出了换原材料后的极微小差异。没办法，不得不返工重做，不仅赔了本，在声誉上也大受损失。

结果，平时一惯平易近人的上司一下变得严肃起来，他以此为把柄，不但在部门会议上狠批了陆军一顿，而且要把陆军开除，"杀鸡儆猴"。

这下，部门的业务员一下被制服了，而上司又现出了平日那种大大咧咧的处事态度。

有人将案例中的这种上司称为"猪型人格"：平时对员工很亲热，看着很好相处，但是一旦有人犯了错误，上司会变得像虎一样，不给你喘息的机会，直接要了你的饭碗。这样的上司好像有两种性格，红脸白脸都可以出现在他的脸上。

不论在什么单位，一般领导都有红脸和白脸两种面孔。这两种面孔是如何影响工作的呢？

1964年，日本大阪大学教授三隅二不二创立了以两种职能为标准的员工行为研究——PM理论，为我们系统地阐述了这一点。

P——Performance，绩效；M——Maintenance，维持。

三隅教授认为，绩效和维持是中高层管理者最重要的两项职能。P职能（白脸）主要是制定目标和计划，并对自己管理的团队施加目标压力，考察的是管理者为实现管理目标而付出的努力。

M职能（红脸）主要是建设团队，给团队的每一位员工以关心和帮助。

一般说来，压力大，绩效高，但团队可能会过度紧张、反感、抵触，反过来降低绩效，所以绩效职能与维持职能之间需要保持动态平衡。这个理论与我国的"既要让马儿跑也要让马儿吃草"、"领导一手要抓好业务一手要团结好群众"的理念是一致的。

领导的两种职能根据各自程度的不同又分为强势的白脸（P）和弱势的白脸（p）、和蔼的红脸（M）和冷淡的红脸（m）。

P、M职能各有强弱的区别，可以分为四种领导类型：

（1）PM型：绩效强、维持强；

（2）Pm型：绩效强，维持弱；

（3）pM型：绩效弱，维持强；

（4）pm型：绩效弱，维持弱。

具体地说，P职能会最大限度地调动部下工作，M职能会给予部下支持。PM型，即强势的白脸加和蔼的红脸这种类型的领导，如果运用得当，那么在他们的领导下，组织的生产力会达到最高，同时部下也可以得到充分的理解。而其他类型的领导，多少都会让部下感到不公平、不满。P型上司会让部下尽可能地工作但却不信任部下，M型上司虽然信任部下却不能提升工作业绩，而pm型的上司对工作、部下都不关心，这样的上司当然不会有好的评价。事实上，不同类型的上司会引来与其特点相应的不同坏话。

"来得比我晚，走得比我早；拿得比我多，做得比我少；休得比我勤，加班不见影。这就是上司，俗称Boss，剥了你的'皮'还不让你'死'，教训着继续干活的主！"丽丽每天和同事乐此不疲地议论。

丽丽所在的公司性别比较混乱，公司的人私下这样讲"女人当男人用，男人当牲口用"，一天到晚，总是有干不完的活在等着大家；主管仿佛是一个监工，不允许有半点偷懒；有事想要请假那是比登天还要难。

终于熬到了周五，丽丽心情很好，忙碌了一周终于可以休息了。离下班还有一刻钟光景，不自觉地就揣摩起周末计划来。正当神游时，电话响了，是老板："请你周一前务必要将新门店的照片拍好传给我。"

丽丽："周一之前啊？但今天是……"

老板："时间很紧的，来不及了，周一就给我，别忘了。"

挂了……

丽丽简直要崩溃了："周末加班就直说加班，跟我们员工还玩什么文字游戏？真以为大家都头脑简单不懂这点伎俩吗？"

"怎么啦？"新来的同事小刘问。

"上司没说加班自然就甭想加班费。每次都有干不完的活，还非等到我们要下班了事情又都冒出来了。老板自己把话讲完了，也不管别人死活就挂了电话，极其不道德的行为大概只有老板才做得出。"

回家的路上，丽丽心里很郁闷，本来的好心情已经跑得无影无踪。

按照PM职能分析，丽丽的上司应该属于Pm型，绩效强，维持弱。这种上司也许可以被称为"虎型人格上司"，他们性格勇敢正直，坚强果断，充满权威感，进取心很强，但管理风格上说话、做事直来直去、果断有力，不太讲究方式方法，更不懂委婉含蓄的中庸处事之道。与这种上司合作，除了在背后发发牢骚外，还需要员工能够承受较大的工作压力，需要很旺盛的精力。

布利斯定律：事前想得清，事中不折腾

小齐对销售很感兴趣，刚刚毕业，他就选择当了一名推销员。

上班的第一天，小齐就与经理讲好了条件：自己独自开展业务，在完成公司所规定的目标之后，把提成由原来的10%升到30%。经理很欣赏小齐的冲劲，十分痛快地答应了推销员的条件，但要求小齐一定要在一年之内完成目标。

手忙脚乱地忙活了一段时间，小齐觉得，按这样的进度，经理制定的目标根本无法完成。只怨自己当时根本没有经验，不知道实现目标的难度。

不过，小齐并没有被吓倒。相反，他制定了详细的目标。他相信，按照这个计划努力，奇迹很可能就会出现。

之后，小齐开始加倍勤奋地工作起来。他每天早上5点钟上班，晚上八九点钟才下班，刚开始的时候，他非常不习惯，久而久之就逐渐适应了，有的时候一天竟然要工作20个小时。

就这样，时间一天一天地过去了，小齐的努力没有白费。每一天，他都觉得自己前进了一步，生意越来越多。他做成了一大批保险业务，也一次次得到了不菲的利润。当初看似无法实现的目标，如今却离他越来越近。

一年以后，小齐完成了任务。当然，经理也履行了他原先的承诺。接着，小齐又为自己定了一个更高的目标。

布利斯定律说的是：花费较多时间为一次重要的工作做一个事前计划，那么做这项工作所用的总时间就会减少。该定律由美国行为科学家艾得·布利斯提出，因此就用他的姓来命名。如果没有最初制定的目标和规

划，小齐恐怕根本就无法胜任这份工作，更不用说按时完成任务了。

美国曾有几个心理学家做过一个实验：

他们将学生分为三组，按不同方式训练投篮技巧。甲组学生在20天里每天练习实际投篮，然后记下第一天与最后一天的成绩；乙组也将第一天与最后一天的成绩记下，可是在这段时间内他们不做任何练习；丙组每天用20分钟做想象中的投篮训练，若投篮不中，他们就在想象中做出相应的纠正，然后分别记下第一天与最后一天的成绩。

结果显示：乙组毫无长进；甲组进球增加了24%；丙组进球增加了26%。据此，他们得出一个结论：行动之前进行头脑热身，构想要做之事的每一个细节，梳理心路，然后将它深深铭刻在脑子里，当你行动时，便会得心应手。

通过这个故事，人们明白了做任何事情之前都应制订明确的目标计划，这样做起事来才会更加有序。目标就是你努力的方向，计划就是你做事的方法。

曾有一个电话业务员这样描述自己的亲身经历：刚做业务没多久，他就觉得工作起来手忙脚乱，毫无章法。他每天要打几十个电话，记录一多，工作也就杂乱起来，而且常常忘记了跟客户谈到什么程度。因此，他希望找出一个好方法，让自己的工作井然有序，却并未成功。后来，他意识到，要想提高自己的工作效率，就一定要花足够多的时间去"磨刀"。

这所谓的"磨刀"其实就是制订计划。他将所打电话全都记在卡片上，并记下谈话的进度。接下来，根据卡片内容安排下一次的话题，还有要写的信等。再列出日程表，安排星期一至星期五的工作顺序，包括每日要做的事情。做这些需要四五个小时，既琐碎又枯燥，半天时间就这样没了。所以，起初他总做到一半就想放弃。但在坚持了一段时间之后，他就尝到了甜头，发现这样做真的是成效显著。

此后，每个星期一的上午，他不再忙于打电话，而是精神饱满、激情飞扬、信心十足地去会见客户。他一定要见到那些客户，因为他已经准备了一个星期，始终都在想应该和他们说些什么，要给他们提供什么建议。由于准备充分、状态良好，他对会谈充满了信心，业务成绩也直线飞升。

这个业务员在工作上变得游刃有余，这就是计划的惊人效果。俗话说，"磨刀不误砍柴工"，事实上就是这样，只要你有了目标与计划，你完成事情就要简便许多，效率也会提高许多。无论什么事，一切都在你的掌握之中，有助于增加你的自信。

亨利·德佐·罗曾经这样说过："倘若一个人朝着他所梦想的方向奋勇前进，尽力奉献自己所能够提供的一切，他的事业就会成功。"在成功的道路上，如果制订好计划，成功就变得触手可及。

一项权威研究机构的研究结果显示，制订计划将大大地提高目标实现的成功概率，制订计划者的成功率是从不制订计划者的3～5倍。在成功实现目标的人当中，事先制订计划的人高达78%，未制订计划的人只有22%。

实际上，每个人都可以制定目标。每个人都曾有过梦想，这些梦想也就算是自己的目标，可要实现这个目标就需要有实际行动。在我们实现自己定下的目标时，更需要制订一份严格、合理的计划来支撑它，若无计划，你的前景将是一团糟，前进的道路上将充满未知。

齐氏效应：打破持续工作的紧张感

作家刘墉曾讲过这样一个故事：

徒弟去见师傅。"师傅！我练习射箭已经达到超越前人的境界，就算后羿再生，恐怕也不及我。"

"你射得准吗？"

"当然！天上飞的鸟，你叫我射它的左眼，我绝不会射到右眼！"

这时正有一只鸟从前面飞过。

"射它的左眼！"师傅说。

徒弟引箭上弦，却又放下了："没办法，因为它从左向右飞，左眼不朝着我，所以无法射。"

"你的臂力强吗？"师傅问。

"当然！七石的弓（古代以石论弓的强度），我常拉满它几时辰不放。"

"好极了！把箭射出去，愈远愈好！"

徒弟将箭射出去。

师傅跟着拿起自己六石的弓，并射出一箭，居然比徒弟远得多。

"强弓要虚的时候多，满的时候少，才能维持弹性，成为强弓，"师傅说，"总是拉紧的弦，不可能射出有力的箭。"

有的时候，我们的精神就像拉紧的弦一样，如果总是处于紧绷的状态，就会使工作效率下降，不能发挥出最好的工作水平。

齐氏效应是一个非常著名的心理效应，指由于工作压力过大而造成的心理上的长期紧张状态。它源于法国心理学家齐加尼克所做过的一次非常有意义的实验：困惑情境实验。

齐加尼克先把一批受试者分成甲乙两个组，然后让他们同时完成20项工作。其间，他对甲组受试者进行干预，让他们不能继续工作而没能完成任务，而让乙组顺利完成所有工作。实验结果表明，尽管每个受试者在接受任务的时候都呈现出一种紧张状态，但顺利完成任务者的紧张状态随之消失，而没完成任务者的紧张状态继续存在，他们的思绪总是被那些没能完成的工作所困扰。后一种情况就被叫做齐氏效应，也称为齐加尼克效应。

齐氏效应显示出这样一个事实：在接受一项任务的时候，人会产生一定的紧张心理，唯有完成任务，这种紧张感才会消除。在没有完成任务之前，紧张感会一直持续下去。

大多数时候，那些没有得到解决的问题或者没有完成的工作，犹如影子般地困扰着人们。这些人主要以脑力劳动者居多，由于脑力劳动是以大脑的积极思维为主的活动，它的特点就是大脑的积极思维是持续而不间断的活动，因此紧张也常常是持续存在的。

克服齐氏效应的关键就是找到一种方法，让人们认为自己拥有某种程度的控制力。例如，走到盥洗室中冲厕所。这种行为或别的看起来没有任何意义的类似行为，能打破持续不断的齐氏效应的循环，让目前应激物所产生的影响分散到别的事务中去。这种方式有助于把压力导向可以利用的水平，在此水平上，人能得到控制感，可以将不良压力转化为良性压力。

1888年，在美国第23届总统竞选结果公布当天，候选人本杰明·哈里森十分平静地在等候最终的结果。但是，他的票仓主要设在印第安纳州，而那里宣布竞选结果时已是晚上11点了。后来，有一个朋友打电话祝贺他成功当选，哈里森家中的仆人告诉他，哈里森已经上床睡觉了。

次日上午，那位朋友问他，选举结果快要出来了，他怎么还能睡得着觉。哈里森说："睡不睡觉并不能改变选举的最终结果，就算当选，我也知道自己前面的路会非常难走。所以，不管结局如何，休息好都是一个明智的选择。"

这句话说得很对，"休息好是明智的选择"。不管学习和工作有多么忙碌，我们都应该注意休息，保持好自己的状态，毕竟身体是革命的本钱。

彼得原理：每个人都想无限晋升

陶兰小姐以前是一名小学老师，很受学生们的爱戴。因为教学成绩优秀，多次获得学校和领导部门的表彰，最近她又被提拔为教学主任。现在，她所要教学的对象不是小朋友，而是一群老师。然而，她仍然采用适用于小学生的教学方法来指导老师。陶兰小姐和老师们说话时，不管面对的是一位或者多位老师，她一律面带着微笑，咬文嚼字，说得十分清楚；用词十分简单，多半只是一两个音节组成的字，并且每一个要点要以不同的方式解释好几遍，直到她确定老师们都听懂了为止。

老师们不喜欢陶兰小姐的笑容，认为那是装出来的；同时，他们也不喜欢陶兰小姐高人一等的说话态度。他们产生了强烈的排斥感，因而不但没有遵行她的建议，反而花了许多时间编造借口规避她的建议。

由于陶兰小姐无法和小学老师们沟通，她将没有再晋升的资格，因此她将继续担任教学主任——停止在她不胜任的阶层。

陶兰小姐所遇到的情况证明了一个管理学中的定理——彼得原理。彼得原理是由管理学家劳伦斯·彼得根据千百个有关组织中不能胜任的失败实例的分析而归纳出来的。其具体内容是：在一个等级制度中，每个职员趋向于上升到他所不能胜任的地位。

彼得指出，每一个职员由于在原有职位上工作成绩表现好（胜任），就将被提升到更高一级职位；其后，如果继续胜任则将进一步被提升，直至到达他所不能胜任的职位。陶兰小姐在原来的岗位上表现优秀，所以会得到提升；当担任一个自己不能很好地胜任的岗位时，只能原地踏步了。

彼得由此导出的推论是："每一个职位最终都将被一个不能胜任其工作的职员所占据，层级组织的工作任务多半是由尚未达到不胜任阶层的员工完成的。"

西蒙是莱姆汽修公司的杰出技师，他对目前的职位相当满意，因为不需要做太多方案工作。因此，当公司有意调升他做行政工作时，他很想予以回绝。

西蒙的妻子是当地妇女协进会的活跃会员，她鼓励先生把握这次升迁的机会。如果西蒙升官，全家的社会地位、经济能力也会各晋一级。如此一来，她就可以出马竞选妇女协进会的主席，也有能力换部新车、添购新装，还可以为儿子买辆迷你摩托车了。

虽然西蒙并不情愿用目前的工作，去换办公室里枯燥乏味的工作；但在妻子的劝服与唠叨之下，他终于屈服了。升任六个月之后，西蒙得了胃溃疡，医生告诫他必须滴酒不沾。

妻子后来开始怀疑西蒙和新来的女秘书有染，并且把失去主席头衔的责任全部推到他身上。西蒙工作时间冗长不堪，但却毫无成就感；回家后还要面对妻子的指责，因此脾气越来越暴躁。由于彼此不停的指责和争吵，西蒙夫妇的婚姻彻底失败了。

在一个不胜任的职位上，西蒙不仅工作不顺心，连婚姻也以失败而告终，这是彼得原理的负面效应在作怪。面对相同的选择，哈里斯就很明智：

哈里斯是西蒙的同事，他也是莱姆公司的优秀技师，而且老板也打算提升他。哈里斯的太太莉莎非常了解先生很喜欢目前的工作，他一定不愿意花更多的时间坐办公室，去做一些枯燥的工作。莉莎没有强迫哈里斯。因此，哈里斯继续当一名技师，将胃溃疡留给西蒙独享。哈里斯一直保持开朗的个性，在社区里是个广受欢迎的人物，工作之余，他还担任社区里青年团体的领袖。住户的车如果需要修理，一定都送到莱姆公司，以回报哈里斯平时对公益事业的热心。哈里斯的老板知道他是公司不可或缺的宝贵资产，所以为他提供了优厚的红利、稳定的工作和一切制度内允许的薪水晋级。于是，哈里斯买了一辆新车，为莉莎添购新装，也为儿子买了一辆自行车和棒球手套。哈里斯一家过着舒适美满的家庭生活，他们夫妇幸福的婚姻令亲朋好友非常羡慕。他们在邻里间享有的美誉，正是西蒙太太梦寐以求的。

每一个职员最终都将达到彼得高地，在该处他的提升商数（PQ）为零。至于如何加速提升到这个高地，有两种方法：其一，是上面的"拉动"，即依靠裙带关系和熟人等从上面拉；其二，是自我的"推动"，即自我训练和进步等，而前者是被普遍采用的。

彼得认为，由于彼得原理的推出，使他"无意间"创设了一门新的科学——层级组织学（Hierarchiolgy）。该科学是解开所有阶层制度之谜的钥匙，因此也是了解整个文明结构的关键所在。

在对层级组织的研究中，彼得还分析归纳出彼得反转原理：一个员工的胜任与否，是由层级组织中的上司判定，而不是外界人士。彼得认为，许多或大多数主管必定已到达他们的不胜任阶层。这些人无法改进现有的状况，因为所有的员工已经竭尽全力了，于是为了再增进效率，他们只好雇用更多的员工。员工的增加或许可以使效率暂时提升，但是这些新进的人员最后将因晋升而到达不胜任阶层，于是唯一改善的方法就是再次增雇员工，再次获得暂时的高效率，然后是另一次逐渐归于低效率。这样就使组织中的人数超过了工作的实际需要。

月曜效应：为什么会出现假期综合征

很多人都曾经遭遇过假期综合征，当尽情尽兴地享受了一个周末后，本以为经过两天的休息能够以更好的状态投入工作当中，然而再次开始工作时，反而感觉萎靡不振、无精打采，身与心都无法投入工作当中。在心理学中，这种现象被称为月曜效应——由于周末的休息扰乱了人们的正常生活起居和工作秩序，导致人们工作意志下降、注意分散、精神不振，从而影响了工作的效率。在古代，"月曜"是星期一的另一个称谓，所以月曜效应又叫"星期一效应"。除了周末能带来月曜效应外，这种效应还体现在人们每天早晨开始工作时，当新的工作日来临时，人们总是需要花费不少的时间才能完全进入状态。

一般而言，当经过一段时间的休息后，人们本应该以更饱满的状态投入工作，然而月曜效应却颠覆了这一逻辑，为什么会出现月曜效应呢？原因有如下几个方面：

（1）当休息日来临时，人们常会利用这段时间从事很多悠闲轻松的活动，比如与朋友通宵达旦地聚会、进行短期旅游、彻夜投身电脑游戏等。当周一开始工作时，人们便需要从悠闲状态转换为紧张状态，然而人在重新开始工作或学习时，往往存在一个预热期或启动期，这便导致人们一时之间难以适应，无法实现状态的成功转换。

（2）根据Yerkes-Dodson法则，唤醒与操作之间呈倒U形关系，也就是说过高的唤醒水平与过低的唤醒水平都不利于人们开展工作。一般而言，每当星期一时，人们大多会接到较多的工作任务，这便要求人们需要具备较高的唤醒水平，然而事实上，人们主观上并没有达到这一标准，以致产生月曜效应。

（3）虽然名为"休息日"，但是人们并没有真正地让自己休息下来，反而从事了很多耗费体力与精力的活动，导致周一的工作细胞受到了抑制，出现了精神不振的状态。

认知失调理论：为什么有的人会毕生从事不喜欢的工作

认知失调理论最早由费斯廷格（Leon Festinger）于1957年提出，该理论认为当两种认知或认知与行为不协调时，为了保持一致，人们将会改变自己的态度。在费斯廷格看来，所谓的认知失调是指由于做了一项与态度不一致的行为而引发的不舒服的感觉，比如你本来想帮助你的朋友，实际上却帮了倒忙，这便会让你产生内疚的情绪。一般而言，人们的态度与行为是一致的，比如你与你喜欢的人一起从事很多活动，对于那些你不喜欢的人，你则爱理不理。但有时候态度与行为也会出现不一致，比如一个人认为吸烟有害身体，暗暗告诫自己一定不要吸烟，但是有一次，这个吸烟的反对者却与同事一起吸了烟。当态度与行为不一致时，常常会引起个体的心理紧张，为了克服这种由认知失调引起的紧张，为了减少自己内心的不舒服感，这个人便为自己的吸烟行为找了一个"合理"的理由：与同事一起吸烟，有助于让自己得到他们的认同，可以为自己带来和谐的职场关系。

关于认知失调理论，费斯廷格做过一个著名实验，让三组被试从事重复乏味的作业一个小时，然后让第一组被试向其他人说明作业的情况，让第二组和第三组被试把作业说成有趣好玩的，第二组和第三组的唯一区别是，第二组的被试获得了1美元，第三组被试获得了20美元。最后，问这三组被试对作业的态度。

实验结果显示，第一组被试表示出最消极的态度，但是第三组被试比第二组被试表示出更消极的态度，实际上只有第二组被试对作业表示出积极评价。对于第二组和第三组之间所表现出的差别，实验者认为，第二组被试只得到了1美元，他们认为为了1美元的报酬撒谎显然说不过去，这时，第二组被试便出现了认知失调，为了消除这种失调，第二组被试便改变了自己对于作业的态度，对于作业给予了正面的较高的评价。而第三组被试获得了20美元，20元钱的报偿足以诱使被试说出与自己体验相反的话，他们没有感到高度的认知失调，所以他们没有改变自己的评价，仍然认为作业十分枯燥乏味，自己只不过是为了钱而向其他的人撒谎罢了。

在现实的事业选择中，有的人毕生所从事的工作并不是自己喜欢的，甚至是十分厌恶的，但是他们仍然为这份工作付出了大半生的时间，其中的一个原因很可能就是，这份工作薪水比较高，获得不菲的薪水不会导致他们出现认知失调，由于具备高薪这个诱因，他们便会认为接受自己所厌恶的工作是理所当然的。

合法化效应：为什么人们总是难以承认自己的错误

古人教导我们："知错能改，善莫大焉。"然而，虽然很多人也知道这个道理，但是当真正成为当事者后，即使他们明知自己先前的观点是错的，也很难说一句："我错了。"为什么开口承认自己的错误如此困难呢？为什么放弃那些公开表达的观点这么不容易呢？

原来，与在公众面前没有公开讲出来的观点相比，一个公开的观点更难以改变，心理学中把这种现象称为合法化效应，也称公开化效应。阿希是最先对这种现象做出研究的心理学家，他在实验中发现——如果被试在一开始就说出了与团体的观点相对立的意见，即使后来团队对某一个客体作出了正确的评价，他们仍然倾向于捍卫自己的意见。其后的多次实验表明，一种观点在它被公开地说出后，往往就会合法地得到加强，也就很难再改变。

另一名心理学家杰拉德（B.Gerard）曾就此提出过一个假设，他的观点是，一旦某个被试对团体的意见持相反的立场，哪怕后来团队作出了正确的评价，被试也不会改弦易辙，仍然站在团体的对立面，千方百计捍卫自己的观点。杰拉德给出的解释是，之所以会出现这种情况，是由于个人已经公开采取了与团体相反的立场，这便迫使个人不得不坚持到底，甚至不惜故意刺激团体，说一些明显错误的评价意见。

观点合法化效应，已经在许多实验中得到了证明。要让被试改变他们所隐蔽着的观点这比要他们改变那些合法化了的，在社会面前公开说出自己的观点容易得多。可见，观点合法化势必加强一个人的定势。一个人的定势和观点在社会公开后，这种情况势必加强这个人信守这种观点的心情。

那么，为什么会产生合法化效应呢？一般而言，有如下三个方面的原因：

（1）出于维护自尊心的需要。维护自尊是人的自发的举动，一旦自尊心受到破坏后，人们便会千方百计地进行维护。一个人说错话、公开表达某一观点后，即使知道自己观点错了，与群众或周围人不同，他为了维护自己的自尊心，就会坚持自己的错误观点，并尽力使其合法化，能自圆其说。可见，一个人为了不失自尊心、不失面子，就会产生合法化效应。

（2）受到了虚荣心的操纵。有些人公开表达自己的观点后，明明知道这个观点是经不起推敲的，在随后的日子中，也意识到自己错了，但是为了维护自己的权威，也会百般狡辩，不愿承认自己的错误。一些地位较高的领导人物更易发生合法化效应，笑话中的牧师正是如此。

（3）如果在公开的场合表达自己的意见的时候，在场的人数较多，一些重要的、可对观点表达者产生影响的人物在场的话，观点表达者也更容易发生合法化效应。

印象管理：如何提高你面试成功的概率

印象管理是心理学家库利、戈夫曼等人提出的一个概念，是指人们试图管理和控制他人对自己所形成的印象的过程。通常，人们总是倾向于以一种与当前的社会情境或人际背景相吻合的形象来展示自己，以确保个体能够获得所期望的评价。几乎很多人在别人面前所做的事情，都是为了实现较好的印象管理。比如，在公共卫生间，如果有别人在场的话，人们多会便后洗手；女士与男士一起吃饭的时候，也倾向于减少食量，比单独就餐吃得少一些。

如果你需要在社会上谋取一份工作获取生存保障或者发展自己的事业，你尤其需要在面试时注重自身的印象管理，因为面试只是对你能力素质的匆匆一瞥，如果你不能在这有限的时间里给面试官留下较好的印象，你的求职愿望很可能会泡汤。

很多人在面试过程中倾向于讨好面试官，比如夸赞面试官着装有品位，较有人格魅力等，但是心理学家在研究中发现，这些努力并不能更有助于你获得这个职位。心理学家指出，在使用印象管理技术的求职者中，关注自身优点的求职者得到的评价高于那些关注面试考官的求职者。举个例子，一个求职者应征销售经理的职位，如果他在面试时强调自己具备这些优势：擅长与人打交道、与人交流时具有较强说服力与对他恭维面试考官的努力相比，前者更有助于他获得这个职位。

此外，如果应聘者在面试时使用了虚假的印象管理手段，如夸赞面试考官具有某些其不具备的人格特质，还会使结果适得其反。固然大多数人都喜欢别人恭维自己，但是他们非常厌恶别有用心的虚伪恭维，因此，应聘者最好不要在面试时画蛇添足，导致与中意的工作擦肩而过。

有心理学家指出，存在权力差距的情况下，较为成功的印象管理方式是模糊策略。也就是说，应聘者可以在一定程度上表现谦虚，甚至自嘲"非常一般"。成功使用这种模糊策略的关键是：在一些无足轻重的小事上表明自己的平庸，而在关键事件上自我赞美、自我抬高，通过利用谦虚和自嘲来增强自我抬高的可信度。比如，在应聘销售经理职位时，应聘者描述自己的某一次工作经历时，除了强调自己克服了重重困难、卓有成效地完成工作外，还可以开玩笑的口吻称，他之所以需要换一份薪水更高的工作，是因为超速行驶而被多次罚款。面试官意欲寻找的是一名优秀的销售经理，而不是司机，所以应聘者的这种面试策略等于是强化了与工作相关行为的可信度："我想我是一个很糟糕的司机，但却是一个优秀的销售经理。"

包装效应：为成功而打扮

在印象管理心理学中，人们把一个人因包装行为而发生给人印象大变的现象，称之为包装效应。

畅销书作家约翰·莫雷致力于研究不同阶层不同年龄的职业人士的着装表现和效果，他曾被《时代》周刊誉为"美国第一位职业形象工程师"。为了研究着装对人们的影响，他做了很多相关的实验。其中的一个实验是让一些被试者穿着所谓的"名牌"高档服饰，然后让他们随着真正的客人一起进入高级宾馆，让另外一些被试者穿着破旧的衣服进入同一座宾馆，结果发现，对于前者，有94%的人给他们让了路，给后者让路的人的比率只有82%，甚至5%的人还骂了被试者。

约翰·莫雷的另外一个实验是分别让100名穿着高档服装的被试者和另外100名穿着普通衣服的被试者完成打字和复印的工作，结果，前者中约84%的人在10分钟内完成了任务，而后者大多数人都花费了20分钟以上。这便说明，相对不错的着装不但能使他人对个体作出较高的评价，还可以使个体产生愉悦的心情，从而提高工作效率。

服装除了发挥遮体御寒的基本功能外，在目前的商业交际社会，还体现着一个人的社会地位、经济水平以及内涵和修养等。即使你认为以貌取人只是一种肤浅的社会认知，但是毋庸置疑的事实是，在职场交际场合，你的着装可以传达给别人很多关于你自身的信息。因此，你不应该忽略自己的着装，而是需要一些很专业的指导，选择那些符合自己身份与地位的服装，或者说选择那些符合你想成为的某类人的着装风格。从某种意义上说，着装可以算是一项投资，一项为了实现成功而必不可少的投资。

帕金森法则：为什么升职的总是那些不如你的同事

一些怀有雄心壮志的人进入职场后，他们都会给自己确定这样一个目标：努力工作，争取早日升职加薪。然而，他们的这种梦想却常常遭到现实的重创，那些明显工作能力不如他们、工作态度不如他们的同事反而比他们更快地升职。于是，这些有志青年陷入了彷徨，一度怀疑这个世界究竟以怎样的规则在运转。如果他们知道帕金森法则，就会明白，从某种意义来看，能力高并不是获得升职的通行证。

生于1909年的诺思科特·帕金森（C. Northcote Parkinson）是英国历史学博士，就学于剑桥和伦敦大学，先后在皇家海军学院、利物浦大学和马来西亚大学执教，为英国皇家历史学会会员。20世纪60年代移居美国，又在哈佛大学任课。1957年，他在马来西亚一个海滨度假时，悟出了一个法则，这就是帕金森法则。帕金森发现，一个人做一件事所耗费的时间有着极大的差别：一个人可以在10分钟内看完一份报纸，也可以看半天；一个忙人20分钟可以寄出一叠明信片，但一个无所事事的老太太为了给远方的外甥女寄张明信片，可以足足花一整天：找明信片一个钟头，寻眼镜一个钟头，查地址半个钟头，写问候的话一个钟头零一刻钟……特别是在工作中，工作会自动地膨胀，占满一个人所有可用的时间，如果时间充裕，他就会放慢工作节奏或是增添其他项目以便用掉所有的时间。

帕金森由此得出推论：在行政管理中，行政机构会像金字塔一样不断增多，行政人员会不断膨胀，每个人都很忙，但组织效率却越来越低下。这便是帕金森法则的中心旨意。

帕金森进而具体阐述了机构人员膨胀的原因及后果：一个不称职的官员，可能有三条出路：第一是申请退职，把位子让给能干的人；第二是让一位能干的人来协助自己工作；第三是任用两个水平比自己更低的人当助手。

这第一条路是万万走不得的，因为那样会丧失许多权力；第二条路也不能走，因为那个能干的人会成为自己的对手；看来只有第三条路最适宜。于是，两个平庸的助手分担了他的工作，他自己则高高在上发号施令。两个助手既无能，也就上行下效，再为自己找两个无能的助手。如此类推，就形成了一个机构臃肿、人浮于事、相互扯皮、效率低下的领导体系。

自上而下，一级比一级庸人多，产生出臃肿的庞大管理机构。由于对于一个组织而言，管理人员或多或少是注定要增长的。那么这个帕金森法则，注定要起作用。

帕金森举例说：当官的A君感到工作很累很忙时，一定要找比他级别和能力都低的B先生和C先生当他的助手，把自己的工作分成两份分给B或C，自己掌握全面。B和C还要互相制约，不能和自己竞争。当C工作也累也忙时，A就要考虑给C配两名助手；为了平衡，也要给B配两名助手，于是一个人的工作就变成七个人干，A君的地位也随之抬高。当然，七个人会给彼此制造许多工作，比如一份文件需要七个人共同起草圈阅，每个人的意见都要考虑、平衡，绝不能敷衍塞责，下属们产生了矛盾，他要想方设法解决；升级调任、会议出差、恋爱插足、工资住房、培养接班人……哪一项不需要认真研究，工作越来越忙，甚至七个人也不够了……

帕金森用英国海军部人员统计证明：1914年皇家海军官兵14.6万人，而基地的行政官员、办事员3 249人，到1928年，官兵降为10万人，但基地的行政官员、办事员却增加到4 558人，增加了40%。

帕金森法则深刻地揭示了行政权力扩张引发人浮于事、效率低下的"官场传染病"。

帕金森法则的成立前提就是一个人在一个不断追求完善的组织中，担负着和自身能力不相匹配的平庸的管理角色，且不具备权力垄断的人群中才起作用。那么反弹琵琶，一个没有管理职能的组织，比如网络虚拟学术组织、兴趣小组之类，不存在帕金森法则阐释的可怕顽症。一个不思进取、抱守陈规的组织，不必要引进新人，自然也没有帕金森法则的困扰。一个拥有绝对权力的人，他不害怕别人攫取权力，也不会去找比他平庸的人做助手。一个能够承担他的管理角色的人，没有必要找一个助手，也不存在帕金森法则的情况。

通过上述条件的分析，我们可以清晰地看到：权力的危机感，是产生帕金森现象的根源。恩格斯曾经说过："自从阶级社会产生以来，人的恶劣的情欲、贪欲和权势欲就成为历史发展的杠杆。"人作为社会性和动物性的复合体，因利而为，是很正常的行为。假设他的既有利益受到威胁，那么本能会告诉他，一定不能丧失这个既得利益，这也正是帕金森法则起作用的内因。一个既得权力的拥有者，假如存在着权力危机，不会轻易让渡自己的权力，也不会轻易地给自己树立一个对手。在不妨害他人为前提的良心监督下，会选择两个不如自己的人作为助手，这种行为是卑鄙的，但却是无法谴责的。因为它并没有违反任何的规章制度，于是，帕金森法则允斥于社会的各个角落。

帕金森将自己的发现著书成文，在书中，详细揭示了六项职场潜规则：

潜规则一：不能要太精明能干的下属。

潜规则二：决定权在中间派的手里。

潜规则三：议题涉及金额的大小与讨论的时间成反比。

潜规则四：地位高的人不一定是酒会的关键人物。

潜规则五：假装成"低能儿"才能在暗潮涌动的人事举荐中独领风骚。

潜规则六：领导的功勋越卓著、在位时间越长，接班人越难有出头之日。

因此，这也可以理解这样一种残酷的现实了——为什么升职的总是那些不如你的同事。

第五章
打造无往不胜一流团队的10大管理心理学法则

【本章心理学冷知识关键词】

鸟笼效应｜权威效应｜马斯洛效应｜苛希纳定律｜米格-25效应｜蜂舞法则｜霍布森选择｜双因素理论｜强化理论｜德西效应

鸟笼效应：为了鸟笼买只鸟

鸟笼效应的发现者是近代杰出的心理学家詹姆斯。

1907年，詹姆斯从哈佛大学退休了，同时退休的还有他的好友物理学家卡尔森。一天，他们俩打了一个赌。詹姆斯说："老伙计，我一定会让你不久就养上一只鸟的。"卡尔森不以为然："我不信！因为我从来就没有想过养一只鸟。"没过几天，恰逢卡尔森生日，詹姆斯送上了他的礼物——一只精致的鸟笼。卡尔森笑纳了："我只当它是一件精美的工艺品。"然而从此以后，每逢有客人到访，看到卡尔森书桌上那个精致的、空荡荡的鸟笼，便会问："教授，您养的鸟什么时候死了？"卡尔森只好一次次耐心解释："我从来就没有养过鸟。"态度虽然诚恳，客人的目光却分明是不信任的。最后，出于无奈，卡尔森只好买了一只鸟。这就是詹姆斯著名的"鸟笼效应"。

鸟笼效应是一个非常有意思的心理学定律，在生活中广泛存在。鸟笼效应说的是：如果一个人买了一个空的鸟笼放在自己家的客厅里，过了一段时间，他一般会丢掉这个鸟笼或者买一只鸟回来养。

原因是这样的：即使这个主人长期对着空鸟笼并不别扭，但每次来访的客人都会很惊讶地问他这个空鸟笼是怎么回事，或者把怪异的目光投向空鸟笼。几乎每位造访者都会这样。终于，主人因为不愿意忍受每次都要进行解释的麻烦，就会丢掉鸟笼或者买只鸟回来。

实际上，在我们的身边，很多时候不是先在自己的心里挂上一个笼子，然后再不由自主地朝其中填放一些东西吗？

18世纪法国有个哲学家叫丹尼斯·狄德罗。有一天，朋友送了他一件质地精良、做工考究的睡袍，狄德罗十分喜欢。

他喜欢穿着这件睡袍在房间里走来走去，可是他发现一个问题，总觉得身边的一切是那么不协调：家具太旧了，地毯也太粗糙。

于是，为了跟睡袍相配，他把屋里的东西全部换成了新的。房间终于跟上了睡袍的档次。

后来想想，狄德罗总觉得不甘心，因为他觉得自己被一件睡袍"胁迫"了。

这就是鸟笼效应在发挥着奇妙的作用。

鸟笼效应放在企业里，也可以说明很多问题。对整体而言，它可以说明企业的战略应该和其能力相匹配，很多时候应该顺势而为，企业有什么样的能力、什么样的资源，往往就决定了战略的大方向。

有一家管理咨询公司在为一家企业进行组织设计和人力资源体系变革时，遇到过这样一个鸟笼效应的例子：在管理诊断时，他们发现企业里有这样的架构：总裁、执行总裁、常务副总裁，根据职能分析，执行总裁基本上是一个"空着的鸟笼"，只是由于历史原因一直保留着这个位置，在进行了大的整改后，这个位子空了出来，却吸引了众多人的关注。最后在咨询公司的建议方案中，精简了整个组织结构，相应地，也扔掉了不少类似的"空鸟笼"。

在明确了企业的组织结构后，企业应在岗位配置和人数设置方面做好年度计划，并未雨绸缪、做好企业未来用人的中长期规划。既要保证有充足的人力资源去完成相关职能工作，又要避免人浮于事、无端增加企业的成本。

权威效应：人微言轻，人贵言重

有一次，著名空军将领乌扎尔·恩特的副驾驶员在飞机起飞前生病了，因此临时给他分配了一名副驾驶员做替补。能够和这位传奇式的将军同飞,这名替补觉得非常荣幸。在起飞过程中,恩特哼起歌来,一边还把头一点一点地随着歌曲的节奏打拍子。

悲剧的一幕发生了,这个新的副驾驶员以为这是恩特要他把飞机升起来。虽然当时飞机还远远没有达到可以起飞的速度,他还是把操纵杆推了上去,结果飞机的腹部马上就撞到了地上,螺旋桨的一个叶片插入了恩特的背部,切断了他的脊椎,导致他终生残疾。

事后,有人问副驾驶员:既然你知道飞机还不能飞,为什么要把操纵杆推起来呢?"他说:"我以为将军要我这么做。"

故事中副驾驶员对于乌扎尔·恩特的权威的信任,远远超过了对于自己的信任,一点点"暗示"都会让自己丧失判断力,最终酿成了惨剧。这就是权威的力量。

在美国,一些心理学家们曾做过这样一个实验:在给某一大学心理学系的学生们讲课的时候,给学生们介绍了一位从外校请来的德语老师,并告诉他们这位德语老师是德国著名的化学家。在实验过程中,这位著名"化学家"煞有其事地拿出了一个瓶子,里面装有蒸馏水,他说这是自己最新发现的一种化学物质,有一些说不清的味道,让在座的每个学生闻到气味时就举手,结果大部分学生都举起了手。

为何大部分学生都会觉得原本并无气味的蒸馏水有气味呢?因为社会中存在一种普遍的心理现象,即权威效应。

权威效应指的是说话者若是地位高、有威信、受人敬重,那么他所说的话就易于引起他人的重视并相信其正确性。在这个实验中,人们宁可相信权威,也不相信自己的鼻子。"权威"专家的语言暗示让这瓶蒸馏水有了气味。

权威的假象在生活中比比皆是。比如说,当我们刚刚走出校门,即使急着要找一份好的工作,也要首先给自己买几件值钱的衣服。就算预算再紧,勒紧裤腰带,也要省下钱买件好的衣服,这有助于为我们树立良好的形象，使招聘人员觉得你很正式、专业，就会对你产生好感。

再一个例子就是广告。广告中往往会找一些专家、学者等人来代言，比如牙膏广告，代言者往往都是医生的身份。医生的身份就是用来影响受众的，利用的就是人们对医生的专业性和权威性认同。但有一个问题是，广告中并没有明确告诉人们穿白大褂的就是医生。这也是营销中对权威效应的巧妙应用，是基于人们心理的深刻把握。

懂得了这个道理，在企业的日常经营与管理中，就可以利用权威效应去引导与改变员工的工作态度和行为，这常常比命令的效果更好。一般来说，一个杰出的领导肯定是企业的权威，或者为企业培养了一个权威再利用权威效应来进行领导的。作为一名管理人员，要树立自己的威信，该严肃时就必须严肃，做决策时要一丝不苟，执行的过程中要雷厉风行。如果在改革不健全的制度的过程中，管理者的决定被视为儿戏，工作就会举步维艰，这样的管理者是很难取得成功的。

当45岁的杰克·韦尔奇执掌通用电气公司时，这家已经有一百多年历史的公司机构臃肿，等级森严，对市场反应迟钝，在全球竞争中正走下坡路。按照韦尔奇的理念，在全球竞争激烈的市场中，只有在市场上领先对手的企业，才能立于不败之地。韦尔奇重整结构的衡量标准是：这个企业能否跻身于同行业的前两名，即任何事业部门存在的条件是在市场上数一数二，否则就要被砍掉——整顿、关闭或出售。

于是韦尔奇首先着手改革内部管理体制，减少管理层次和冗员，将原来8个层次减少到4个层次甚至3个层次，并撤换了部分高层管理人员。此后的几年间，砍掉了25%的企业，削减了10多万份工作，将350个经营单位裁减合并成13个主要的业务部门。经过这一系列的改组，通用电气公司的主要决策层就由过去的五个层次减少到三个层次，形成了公司—产业集团—工厂这样的三级管理体系。韦尔奇也因此得到了董事会的认可与赏识，为登上通用电气的权力巅峰打下了良好的基础。

企业内部在机构变革过程中，往往会遇到来自各方面的阻力。如果没有一把"尚方宝剑"来树立自己的权威,改革就会很难成功。韦尔奇能够顺利地对通用电气公司进行改革,与公司上层对他的支持是分不开的。

权威效应之所以普遍存在,主要有如下两个方面的原因。

第一,因为人们都具有安全心理,也就是说,人们总是觉得权威人物常常是正确的楷模,服从权威人物会让自己具有安全感,增加了不会出现错误的"保险系数"。

第二,因为人们都具有赞许心理,人们总是觉得权威人物的要求常常与社会规范相一致,按他们的要求去做,就会获得各个方面的赞许与奖励。

在劝说他人支持自己的行动与观点时,恰当地利用权威效应,不仅可以节省很多精力,还会收到非常好的效果。

马斯洛效应:满足他人的不同需求

刚毕业不久的大学生小苗最近遇到了问题。她说自己失眠,没有食欲,月经失调,没有什么能够激起她的兴趣。她每天工作都打不起精神,感到生活是如此缺少乐趣,无聊乏味。

心理医生和她进行聊天沟通,了解了问题产生的原因。

小苗一年前毕业于一所比较有名的重点大学,毕业后找到了一份报酬丰厚却枯燥乏味的工作——在一个政府部门的办公室做秘书。靠着这份工作,她供养着整个家庭。她的朋友、同学都很羡慕她这份工作。在这样一个相对来说很不错的条件下,可她自己总有种抵触情绪。为什么会这样呢?

小苗曾经是优秀的数学系的学生,渴望着继续攻读研究生。她喜欢做学问研究。但家庭生活的拮据状况,迫使她放弃了学业,去从事她并不喜欢的这份秘书工作。小苗觉得自己的生活没有意义。最初,她试图说服自己，应该感到自己是比较幸运和幸福的，应该对这份收入丰厚的工作心满意足；但是不行。随着这种生活的持续，一想到这份工作就使她感到压抑，现在，小苗内心空虚极了。

小苗之所以苦闷空虚，是因为她有着很好的数学天赋，但却没有使这种天赋得到应有的发挥。心理学家认为，任何天赋、任何能力都是一种动机，是一种实实在在的需求。

需求层次论是心理学家亚伯拉罕·哈罗德·马斯洛一生中最著名的论述。在他看来，人是一种有欲求的动物。人们会一直不停地追求各种目标，当这种需求得到满足以后，人们又会有其他需求，继续去寻找其他新的目标。

马斯洛是美国著名的社会心理学家、人格理论家和比较心理学家。他的需求层次理论和自我实现理论是人本主义心理学的重要理论，对心理学尤其是管理心理学有重要影响。

马斯洛理论由较低层次到较高层次依次把需求分成生理需求、安全需求、社交需求、尊重需求和自我实现需求五类。

第一，生理上的需求。这是人类维持自身生存的最基本要求，包括衣、食、住、性等方面的要求，是推动人们行动的最强大的动力。

第二，安全上的需求。包括人类对自身的人身安全、生活稳定以及免遭痛苦、威胁或疾病等方面的需求。

第三，感情上的需求。这一层次的需求包括两个方面的内容。一是友爱的需求，即人人友谊和爱情。二是归属的需求，即人都有一种归属于一个群体的感情。

第四，尊重的需求。人人都希望自己有稳定的社会地位，希望个人的能力和成就得到社会的承认。

第五，自我实现的需求。这是人类最高层次的需求，它是指实现个人理想、抱负，发挥个人能力到最大限度，以完成与自己能力相称的一切事情的需求。

沃尔玛公司老总萨姆·沃尔顿认为，在沃尔玛公司，干部必须以真正诚恳的尊敬态度亲切地对待自己的员工，必须了解员工的为人、他们的家庭、他们的困难和他们的希望，必须尊重和赞赏他们，表现出对他们的关心，这样才能帮助他们成长和发展。萨姆·沃尔顿会经常突然驾临本公司的商店，询问一下基层的员工"你在想些什么"或"你最关心什么"等问题，通过与员工们聊天，了解他们的困难和需要。

1981年，美国马萨诸塞州巴莫尔的戴蒙德国际纸板箱厂，因市场萎缩，工人为前途担心。65%的员工感到管理层对员工不尊重，56%的员工对工作感到悲观，79%的员工认为他们没有得到因工作出色而该有的报偿。为此，管理层推出"100分俱乐部"计划，即无论哪位员工，全年工作绩效高于平均水平的，则可得到相应分数，如安全无事故20分，全勤25分等，每年结算一次，并将结果送到每位员工家里，如分数达到100分，便可获一件印有公司标志和"100分俱乐部"臂章的浅蓝色的夹克衫。

到1983年，工厂生产率提高了16.5%，质量差错率下降了40%，员工不满意见减少了72%，由于生产事故而损失的时间减少了43.7%，工厂每年多创收100万美元利润。

1983年底评议时，86%的员工认为管理层对员工很重视，81%的员工感到自己的工作得到了承认，79%的员工认为自己的工作与组织成果关系更密切了。

沃尔玛和戴蒙德的例子表明，了解并满足员工的需要，能够使员工感到自己受到重视，受到尊敬，更能调动员工的积极性，更能够给公司创造更多的价值。

许多研究表明，和基层工作人员相比，高层管理人员更容易满足他们的较高层次的需求。因为高层管理人员面临着许多有挑战性的工作，在工作中他们能够得到自我实现；在另一方面，基层工作人员更多地从事常规性的工作，满足较高层需求就相对困难一些。而且需求的满足根据一个人在组织中所做的工作、年龄、公司规模以及员工文化背景等因素的不同而有所差异。

生产指挥系统的管理人员在安全、情感、尊重和自我实现方面比科室人员更容易得到满足，双方在尊重和自我实现需求上的差距最大。在尊重和自我实现的需求方面，年轻员工（25岁或以下）的要求比较年长的员工（36岁或以上）更强烈，低层次的管理部门和小公司的管理人员比在大公司工作的管理人员更易感到需求得到满足。

马斯洛的需求层次理论认为，任何一个人都有不同层次的需求，在满足了最基本的生存需求以后，人就会有更高层次的需求。管理者在进行管理时，应该注意到下属不同层次的需求，采取适当的激励措施。

苛希纳定律：龙多不下雨，人多瞎捣乱

有一家企业准备淘汰一批落后的设备。

董事会说："这些设备不能扔，得找个地方存放。"于是专门为这批设备建造了一间仓库。

董事会说："防火防盗不是小事，应找个看门人。"于是找了个看门人看管仓库。

董事会说："看门人没有约束，玩忽职守怎么办？"于是又委派了两个人，成立了计划部，一个人负责下达任务，一个人负责制订计划。

董事会说："我们应当随时了解工作的绩效。"于是又委派了两个人成立了监督部，一个人负责绩效考核，一个人负责写总结。

董事会说："不能搞平均主义，收入应当拉开差距。"于是又委派了两个人成立了财务部，一个人负责计算工时，一个人负责发放工资。

董事会说："管理没有层次，出了岔子谁负责？"于是又委派了4个人，成立了管理部，一个人负责计划部工作，一个人负责监督部工作，一

个人负责财务部工作，一个人是总经理，对董事会负责。

一年之后，董事会说："去年仓库的管理成本为35万元，这个数字太大了。你们一周内必须想办法解决。"

于是，一周之后，看门人被解雇了。

这个故事所反映的是管理学上的苛希纳定律的现象。在企业中，通常都有一种不是因事设人而是因人设事的倾向，造成企业机构臃肿、层次重叠、人浮于事、效率低下。这种状况使企业难以摆脱管理部门不明确、办事环节多、手续繁杂的困境，难以随市场需要随时调整经营计划和策略，从而使企业难以培养真正的竞争力。

管理大师杜拉克举过一个例子。他说，在小学低年级的算术入门书中有这样一道应用题："两个人挖一条水沟要用2天时间；如果4个人合作，要用多少天完成？"小学生回答是"1天"。而杜拉克说，在实际的管理过程中，可能要"1天完成"，可能要"4天完成"，也可能"永远完不成"。

这正好验证了管理学上著名的苛希纳定律：如果实际管理人员比最佳人数多两倍，工作时间就要多两倍，工作成本就要多4倍；如果实际管理人员比最佳人数多3倍，工作时间就要多3倍，工作成本就要多6倍。这条定律是西方著名管理学者苛希纳研究发现的，故得此名。

苛希纳定律阐明了一个道理：人多必闲，闲必生事；民少官多，最易腐败。由于实际的人员数目比需要的人员数目多，诸多弊端由此产生，形成恶性循环。

中国古代有"十羊九牧"的故事。其实，十只羊，只要一个牧人就够了，其他九个人必然会无所事事，这就会造成人力资源的浪费；其他人在自己的岗位上贪图安逸，不仅对工作没帮助，还影响整个团队的工作效率。

为实现2004年制定的一个不切实际的增长目标，奥奇丽集团开始大规模地招兵买马，开始扩大各地办事处和业务代表的规模。2003年，奥奇丽集团在全国只有600余名业务代表，地区经理也只有100来人。到了2004年，仅北方奥奇丽集团，最多时业务代表就有2400人，地区经理有300多人。有人开玩笑说，有一段时间，奥奇丽集团的一个经销商后面就追着10个业务代表。这些业务代表为加强奥奇丽集团在终端的铺货、陈列做了大量工作，但是，在经历了一年多的高速增长之后，集团旗下的田七这一系列产品的销售增长终于不可挽回地放缓了。

销售增长放缓了，这样原本为一个极其乐观的销售目标组建的庞大的销售团队就变得极不经济。人员冗杂造成的成本压力开始作用于仍处在发展期的奥奇丽集团，极大地消耗了奥奇丽集团的现金。

奥奇丽集团的领导层认识到了这一点，开始有计划地压缩过于庞大的营销队伍，撤并办事处。原来各办事处都设有专门的文员职位，现在全部取消。在奖励制度上，奥奇丽集团改原先的提成制为按奖金提取制，这样一来，业务人员的收入大减。

如此激烈的组织变动，大量的裁员，对奥奇丽集团造成了重大打击。特别是对一个曾经激情洋溢、充满了狂热梦想的新兴企业，打击尤为沉重。可以肯定的是，奥奇丽集团的业务收缩、人员清退裁减，极大地破坏了公司士气，也降低了经销商的信心。

奥奇丽集团失利的原因很多，但有一个重要的因素是因为组织机构内部人员漫无目的地膨胀，一方面增加了开销，另一方面也增加了整个集团的管理难度，造成了工作效率的下降。在开始精兵简政后，又将原先的提成制变为按奖金提取制，极大地打击了员工的积极性。

在一个越来越充满竞争的世界里，一个企业要想长久地生存下去，就必须保持自己长久的竞争力。企业竞争力的来源在于用最小的工作成本换取最高效的工作效率，这就要求企业必须要做到用最少的人做最多的事。只有机构精简，人员精干，企业才能保持永久的活力，才能在激烈的竞争中立于不败之地。

米格—25效应：团队是最佳的个体组合

苏联研制生产的米格—25喷气式战斗机，以其优越的性能而广受世界各国青睐。然而，众多飞机制造专家却惊奇地发现：米格—25战斗机所使用的许多零部件与美国战机相比要落后得多，而其整体作战性能却达到甚至超过了美国等其他国家同期生产的战斗机。

这是怎么回事呢？原来，米格公司在设计时从整体考虑，对各零部件进行了更为协调的组合设计，使该机在升降、速度、应激反应等诸方面反超美机而成为当时世界一流。这一因组合协调而产生的意想不到的效果，被后人称为"米格—25效应"。

米格—25效应是指，事物的内部结构是否合理，对其整体功能的发挥关系很大。结构合理，会产生整体大于部分之和的功效；结构不合理，整体功能就会小于结构各部分功能相加之和，甚至出现负值。

恩格斯讲过一个法国骑兵与马木留克骑兵作战的例子：骑术不精但纪律很强的法国兵，与善于格斗但纪律涣散的马木留克兵作战，若分散而战，3个法兵战不过2个马兵；若百人相对，则势均力敌；而千名法兵必能击败一千五百名马兵。说明法兵在大规模协同作战时，发挥了协调作战的整体功能，说明系统的要素和结构状况，对系统的整体功能，起着决定性作用。团队意识是公司考察员工的重要方面。

一家颇有影响力的公司招聘高层管理人员。9名优秀应聘者经过初试，从上百人中脱颖而出，进入复试。

复试由老总亲自主持。老总把这9个人随机分成3组，指定第一组的三个人去调查婴儿用品市场；第二组的三个人调查妇女用品市场；第三组的三个人调查老年人用品市场。老总解释说："我们录取的人是用来开发市场的，所以，你们必须对市场有敏锐的观察力。"临走的时候，老总补充道："为避免大家盲目开展调查，我已经叫秘书准备了一份行业的资料，走的时候自己到秘书那里去取！"

两天后，9个人都把自己的市场分析报告送到了老总那里。老总看完后，站起身来，走向第三组，分别与之一一握手，并祝贺道："恭喜三位，你们被录取了！"

面对大家一脸愕然的表情，老总呵呵一笑，说："请大家打开我叫秘书给你们的资料，相互看看。"原来每个人得到的资料都不一样，第一组三个人得到的分别是婴儿用品市场的过去、现在和将来的分析，其他两组也类似。"

老总说："第三组三个人很聪明，互相借用了对方的资料，补全了自己的分析报告。而前两组的六个人却抛开队友，分别行事。我出这样一个题目，其实主要目的，是想看看大家的团队合作意识。前两组失败的原因在于，他们没有合作，忽视了队友的存在！要知道，团队精神才是现代企业成功的保障！"

团队价值是员工个人价值的最高体现。团队是一种意识，也是一种习惯。为实现团队目标，成员应该团结在一起，以便调动主观能动性、挖掘成员的个人潜能，实现个人价值最大化。

有句名言说："两个人各有一个苹果，相互交换后，每人还是只有一个苹果；你有一个思想，我有一个思想，相互交换后，每人都有两个思想。"人类思想和观点上的交流与碰撞，是结构变化促成质变的高级形态，是米格—25效应价值的高层体现。这就是中国传统文化中所提炼的"集思广益"思想。成功学大师拿破仑·希尔对此给予了极高评价，他认为，"集思广益"是人类最了不起的能耐，不但可以创造奇迹，开辟前所未有的新天地，还能激发人类的最大的潜能。常见的情况是，人们在思想的交流与碰撞中，一次就有可能产生独自一人10次才能完成的思考和联想。

蜂舞法则：管理离不开沟通

奥地利生物学家弗里茨经过细心的研究，发现了蜜蜂"舞蹈"的秘密。蜜蜂的舞蹈主要有"圆舞"和"镰舞"两种形式。工蜂回来后，常做一种有规律的飞舞。如果工蜂跳圆舞，就是告诉同伴蜜源与蜂房相距不远，约在100米左右。工蜂如果跳镰舞，则是通知同伴蜜源离蜂房较远。

如果蜜蜂跳一种"8字形舞"，不仅表示距离，而且还指明方向。在一定时间内"8字形舞"的圈数和腹部摆动的次数，就表示蜂巢到花丛的距离；如果以15秒钟作为计时单位，花丛距蜂巢越远，蜜蜂舞蹈的圆圈数就越少，直线爬行的时间就比较长，腹部摆动的次数就比较多。只知道距离是不够的，蜜蜂在舞蹈时还利用太阳的角度来指示方向：如果蜜蜂在舞蹈时，头朝上，从下往上跑直线，这就是说要向着太阳这个方向飞才能找到花丛，按照上述传递信息的方法，蜜蜂就可以根据指定的方向和距离，顺利地找到花丛。

世界上没有一种动物能够真正单独地生活。它们要依靠各种方式和同伴相互沟通，才能存活下去。蜜蜂即以"跳舞"为信号，告诉同伴各种蜜源信息，沟通完毕后一起去采蜜。这种沟通的方法应用在管理心理学中，形成了著名的蜂舞法则。

企业经理人要像蜜蜂采蜜一样，吸取各种沟通方式的特点，将"蜂舞"糅到自己的管理艺术中。著名管理学家巴纳德认为："沟通是一个把组织的成员联系在一起，以实现共同目标的手段。"有关研究表明，管理中70%的错误是由于不善于沟通造成的。由此可见，沟通能力很重要。

《圣经》中曾经记载着这样一个故事：

人类的祖先从前讲的是同一种语言。他们在示拿地的一片平原上，发现了一块异常肥沃的土地，于是就在那里定居下来。百姓们生活安定，丰衣足食，有着无穷无尽的创造力。为了显示民族的功绩，他们决定在那里修一座通天的高塔，以显示民族的强大。

经过人们的通力合作，齐心协力，阶梯式的通天塔很快就要建成了。上帝得知此事，认为这样下去以后人类要做的事就没有做不成的了，于是让人类言语不相通。人们各自讲起不同的语言，感情无法交流，思想很难统一，做工时就不能很好地合作，经常发生误解，工程因此停止了。

这是一个神话故事，暗示了沟通在人类生活中的重要作用。没有沟通，合作就无从谈起，人类的力量就有了很大的局限性。

沟通是人与人之间转移信息的过程。有时人们也用交往、沟通、意义沟通、信息传达等术语。它是一个人获得他人思想、感情、见解、价值观的一种途径，是人与人之间交往的一座桥梁。通过这座桥梁，人们可以分享彼此的感情和知识，也可以消除误会，增进了解。

面对现代社会日益复杂的社会关系，我们希望自己能够获取和谐、融洽、真诚的家庭关系、朋友关系、同事关系以及上下级关系，在市场的激烈竞争中，我们希望自己能够锻造出一支上下齐心、精诚团结的企业团队；我们希望自己的企业能够生活在一种良好的外部环境下，能在与顾客、股东、上下游企业、社区、政府以及新闻媒体的交往中，塑造出良好的企业形象等等。

解决这些问题的途径是由一系列相关的要素所构成的，但是，其中沟通是解决一切问题的基础。沟通不是万能的，但没有沟通是万万不能的。

那么如何进行有效沟通呢？

对于一个管理团队来说，要进行有效沟通，可以从以下几个方面着手：

一是必须知道说什么，就是要明确沟通的目的。如果目的不明确，就意味着你自己也不知道说什么，自然也不可能让别人明白，自然也就达不到沟通的目的。

二是必须知道什么时候说，就是要掌握好沟通的时间。在沟通对象正大汗淋漓地忙于工作时，你要求他与你商量下次聚会的事情，显然不合时宜。所以，要想很好地达到沟通效果，必须掌握好沟通的时间，把握好沟通的火候。

三是必须知道对谁说，就是要明确沟通的对象。虽然你说得很好，但你选错了对象，自然也达不到沟通的目的。

四是必须知道怎么说，就是要掌握沟通的方法。你知道应该向谁说、说什么，也知道该什么时候说，但你不知道怎么说，仍然难以达到沟通的效果。沟通是要用对方听得懂的语言——包括文字、语调及肢体语言，而你要学的就是透过对这些沟通语言的观察来有效地使用它们进行沟通。

霍布森选择：小选择等于没选择

1631年，英国剑桥商人霍布森从事马匹生意。他对顾客说："你们买我的马、租我的马，随你的便，价格都便宜。"

霍布森的马圈大大的、马匹多多的，然而马圈只有一个小门，高头大马出不去，能出来的都是瘦马、赖马、小马，来买马的左挑右选，不是瘦的，就是赖的。霍布森只允许人们在马圈的出口处选。大家挑来挑去，自以为完成了满意的选择，最后的结果可想而知——只是一个低级的决策结果，其实质是小选择、假选择、形式主义的选择。

近代的管理学家们把这种没有选择余地的所谓"选择"讥讽为霍布森选择，代表着小选择、是一个假选择，即人们自以为作了选择，而实际上思维和选择的空间是很小的。有了这种思维的自我僵化，当然不会有创新，所以它是一个陷阱。

对于个人来说，如果陷入霍布森选择效应的困境，就不可能发挥自己的创造性。没有选择余地的"选择"，就等于无法判断，就等于扼杀创造，扼杀前途。一个人选择了什么样的环境，就选择了什么样的生活，想要改变就必须有更大的选择空间。

在古希腊神话里，有一个凶狠的拦路大盗名叫普洛克儒斯忒斯。他有两张铁床，一张很短，一张很长。他强迫过路的客人躺在床上，如果床比人长，就用一把巨钳夹住人的四肢把客人抻长，抻坏客人的筋骨；如果床比人短，他就用刀砍掉客人的双脚。

这个穷凶极恶的大盗最后落到了希腊英雄忒修斯之手，忒修斯抓住他，把他按在那张短床上，然后就像他平时对待过往的客人那样，用刀砍掉了他的双腿，让他在痛苦中慢慢死去。

选择权是人们的一项重要权利。如果为了个人利益把人的选择权加以限制或者剥夺，结果只能适得其反，毕竟，大多人不会屈服于霍布森选择。

同样，如果管理者用这种别无选择的标准来约束和衡量别人，也必将扼杀多样化的思维，从而扼杀了别人的创造力。用一个呆板不变的标准来要求员工的管理者，会激起员工的不满与愤怒。

此外，一些企业家在挑选部门经理时，往往只局限于在自己的圈子里挑选人才，选来选去，再怎么公平、公正和自由，也只是在小范围内进行挑选，很容易出现霍布森选择的局面，甚至出现"矮子里拔长子"的惨淡状况。

1981年，可口可乐公司的"教父"罗伯特·鲁道夫，出现在他主持的最后一次例会上，此后鲁道夫将完全退出他在可口可乐公司的权力高位。会后，他把罗伯托·戈伊祖塔叫到办公室，问道："戈伊祖塔，你愿意来管理我的公司吗？"

在此之前，罗伯托·戈伊祖塔还只是公司内一个寂寂无闻的管理人员，而且学的是化学专业。对于这突如其来的幸福，罗伯托·戈伊祖塔有点不知所措。不过，他很快镇定下来，说："鲁道夫先生，我很荣幸。"他接受了这一任命。

古巴移民罗伯托·戈伊祖塔的确证明了罗伯特·鲁道夫的慧眼。而在此之后，他拿出了一串令人眩目的数字：可口可乐的销售收入从50亿美元翻了3倍多，达到185亿美元；在资本市场，公司市值狂飙了34倍，从43亿美元增长到1500亿美元；并且，在罗伯托·戈伊祖塔不遗余力地全球扩张策略下，可口可乐的海外盈利占到了全部利润的八成。

同时他也是位能够洞悉公司10年、20年甚至30年间的规划发展的优秀战略家。他执掌可口可乐公司的经营达16年之久，并且在这个位置上把一度惨淡经营的可口可乐变成全球最大的特许加盟组织之一。在可口可乐持股7%并担任董事的股神巴菲特把罗伯托·戈伊祖塔称作一位"伟大的领导者和伟大的绅士"。

这是可口可乐公司的幸运，更是罗伯托·戈伊祖塔的幸运，因为他遇上了一个"不拘一格降人才"的上司。不管是不是学非所用，在自己的岗位上有多么平庸，只要发现其某一方面的闪光点，而这一点对自己企业的发展有帮助，就应该加以重用。

作为一个管理者应该注意，不要让自己走进霍布森选择效应的陷阱。千万不能用唯一的标准来约束和衡量别人，这样必然会使自己故步自封，难成大器。

为了避免落入霍布森选择的决策陷阱，关键是科学拟订备选方案和优选方案。要实现特定的系统目标，客观上存在着多种途径和方法，决策者要深入实际，广泛调研，充分占有相关信息，找出解决问题、实现目标的限制条件和起决定作用的因素。通过综合与分析，权衡利弊、区分优劣，拟订多种预案作为备选方案。在此基础上，选择最优或满意方案作为决策方案；同时克服思维方式上的封闭性和趋同性结构，去充分认识客观世界、系统环境的开放性，开阔视野的多维性。

双因素理论：我们努力工作的真正驱动力是什么

美国行为科学家弗雷德里克·赫茨伯格认为人与工作的关系是管理中的一个基本问题，人对工作的态度很大程度上决定任务的成败！为此，他调查了"人们希望从工作中得到什么"。通过在匹兹堡地区11个工商业机构对200多位工程师、会计师调查征询，赫兹伯格发现，受访人员列出的不满的项目，大都同他们的工作环境有关，而感到满意的因素，则一般都与工作本身有关。据此，他提出了双因素理论，全名为激励、保健因素理论。

传统理论认为，满意的对立面是不满意。而据双因素理论，满意的对立面是没有满意，不满意的对立面是没有不满意。因此，影响员工工作积极性的因素可分为两类：保健因素和激励因素。这两种因素是彼此独立的并且以不同的方式影响人们的工作行为。

所谓保健因素，就是那些造成员工不满的因素，它们的改善能够解除员工的不满，但不能使员工感到满意并激发起员工的积极性。它们主要有企业的政策、行政管理、工资发放、劳动保护、工作监督以及各种人事关系的处理等。由于它们只带有预防性，只起维持工作现状的作用，因此，也被称为维持因素。

所谓激励因素，就是那些使员工感到满意的因素，唯有它们的改善才能让员工感到满意，给员工以较高的激励，调动积极性，提高劳动生产效率。它们主要有工作表现机会、工作本身的乐趣、工作上的成就感、对未来发展的期望、职务上的责任感，等等。

双因素理论与马斯洛的需求层次理论是相吻合的，马斯洛理论中低层次的需求相当于保健因素，而高层次的需求与激励因素相类似。

根据双因素理论的观点，我们可以洞悉出，促使我们努力工作的真正驱动力是什么了。

加薪、修建福利设施、改善工作环境等，虽然对于职场人士有一定的激励作用，但是这些措施所起的激励作用持续的时间是短暂的，难以使上班族萌发出较高的工作动机。而激励因素则不然，它属于调动上班族积极性、主动性、创造性、提高其责任感的最重要最基本的内在因素。一般而言，赋予较大的工作权限、工作丰富多样化、分派重要的工作等，可以发挥较强的激励作用。

强化理论：企业为什么要评选优秀员工

强化理论是美国的心理学家和行为科学家斯金纳、赫西、布兰查德等人提出的一种理论，也称为行为修正理论或行为矫正理论。强化理论的主要观点是，人们习得从事某个行为是因为该行为伴随着某种愉快的事情，人们习得避免某个行为是因为该行为伴随着某种不愉快的后果。

最早提出强化概念的是俄国著名的生理学家巴甫洛夫，在巴甫洛夫经典条件反射中，强化指伴随于条件刺激物之后的无条件刺激的呈现，是一个行为前的、自然的、被动的、特定的过程。而在斯金纳的操作条件反射中，强化是一种人为操纵，是指伴随于行为之后以有助于该行为重复出现而进行的奖罚过程。巴甫洛夫等的实验对象的行为是刺激引起的反应，称为应答性反应（respondents）；而斯金纳的实验对象的行为是有机体自主发出的，称为操作性反应。经典条件作用只能用来解释基于应答性行为的学习，斯金纳把这类学习称为S（刺激）类条件作用；另一种学习模式，即操作性或工具性条件作用的模式，则可用来解释基于操作性行为的学习，他称为R（强化）类条件作用，并称为S－R心理学理论。

斯金纳所倡导的强化理论是以学习的强化原则为基础的关于理解和修正人的行为的一种学说。所谓强化，从其最基本的形式来讲，指的是对一种行为的肯定或否定的后果（报酬或惩罚），它至少在一定程度上会决定这种行为在今后是否会重复发生。斯金纳特别区分了两种强化类型：正强化（positive reinforcement，又称积极强化）和负强化（negative reinforcement，又称消极强化）。当在环境中增加某种刺激，有机体反应概率增加，这种刺激就是正强化。例如，当饥饿的白鼠按动开关时给予食物，食物便是正强化物。当某种刺激在有机体环境中消失时，反应概率增加，这种刺激便是负强化，是有机体力图避开的那种刺激。例如，当处于电击状态下的白鼠按动开关时停止电击，停止电击就是负强化。

企业经常采取或惩罚或奖励的方式来激励员工，这种手法便是强化理论在企业管理实践中的运用。比如，一个员工主动向上级提出了一个改进工作效率的合理化建议，并且公司采取这个建议后确实降低了企业的运营成本，于是上级当着其他的员工面表扬了这位员工，并对他进行了物质奖励，这种行为必然会鼓励这位员工继续创想更完美的点子，如果领导所实施的奖励行为促使这位员工更加积极地参与公司事务，那么说明奖励作为有效绩效的强化因子发挥了作用。上述奖励的例子为正强化，惩罚便是负强化，比如一个员工每次迟到时，都会遭到上级主管的责问，甚至对其实施金钱惩罚，惩罚是一种不愉快的经历，为了避免这种不愉快经历的再次发生，员工一般会争取不再迟到，此时，惩罚便起了负强化的作用，使员工不符合组织要求的行为得到了修正。

很多企业在年终的时候都会评选优秀员工，为胜出者提供相关奖励（如物质奖励、精神奖励等），并广而告知评选结果，号召全体员工向优秀员工看齐，可以看出，企业的这一管理行为便包含着强化理论的精髓。

德西效应：你为什么沦为薪水的奴隶

一位犹太老人退休后生活在位于乡村的住所里，每天下午，一群小孩就跑到老人的住所外面，大声喊着："犹太佬！犹太佬！"接连几天后，老人走出了自己的住所，对孩子们说："我一个人住在这里很寂寞，幸亏有你们在这里，为了奖励你们，今天我付给你们每人50分，如果以后你们每天都来叫喊几声，我就继续每人付给你们50分。"孩子们拿着钱很高兴地答应了。

一周以后，老人和这群孩子商量："政府给我的退休金并不多，我现在没钱付给你们了，你们能答应我每天还在我的住所外叫喊吗？"岂料，那些顽皮的孩子不满地说："哼，不给钱，还想听我们叫喊，想得美！"

从此以后，孩子们再也不到老人住所外面喊叫了。

老人尚未奖励孩子们之前，孩子们之所以喊叫，是因为他们觉得这很有趣，这种恶作剧让他们感到了快乐，但是当老人奖励孩子们后，孩子们便不是为了获得欢乐而喊叫，而是为了获得奖励而报酬，从而不自觉沦为金钱奖励的奴隶。试想一下，职场中不也有很多上班族正像那些孩子们一样吗？

当这些上班族最开始工作的时候，他们心中秉承着一种理想，他们努力工作或者是为了实现自己的价值，或者是为了从中获取快乐，或者两者兼而有之，然而，天长日久，随着进入职场的时间越来越长，由于企业常常将薪酬、奖金及一系列评比活动作为激励员工的手段，这些上班族开始逐渐为钱而工作，如果企业提供的物质回报达不到他们的心理预期，他们便消极怠工，产出一些劣质的工作成果。

对于类似这种现象，心理学家德西进行了系统的研究。1971年，德西做了一个关于奖励的实验。他选择一些大学生为被试者，让他们在实验室里解有趣的智力难题。实验分为三个阶段：第一阶段，所有的被试者都没有奖励；第二阶段，将被试者分为两组，实验组的被试者完成一个难题可得到1美元的报酬，而控制组的被试者没有任何报酬；第三阶段，被试者可以选择在原地自由活动，也可以选择继续解题。结果，受到奖励的实验组的人员在第二阶段十分努力，第三阶段则很少有人愿意继续解题，这表明兴趣与努力的程度在减弱，而没有奖励的控制组在第三阶段仍然愿意花更多的休息时间继续解题，表明兴趣与努力的程度在增强。

德西通过实验得出了一项结论：在某些情况下，如果人们可同时获得内在报酬和外在报酬，不但不会增强工作动机，反而会降低工作动机——这便是德西效应。德西效应表明，进行一项愉快的活动，如果外部提供物质奖励的话，反而会减少活动对参与者的吸引力。

德西效应是一种客观存在，身处职场的你，此时不妨沉思自省一下，看看是不是自己身上也正在发生着德西效应，不妨权衡一下，自己是否在德西效应的操纵下，已经或者正在失去那些最重要的东西……

第六章
全球富人们都在用的10大财富吸引力法则

【本章心理学冷知识关键词】
鲶鱼效应│王永庆法则│马太效应│毛毛虫效应│睡眠者效应│选择性注意│名人效应│心理账户│羊群效应│凡勃伦效应

鲶鱼效应：让财富快快增长

　　从前，挪威人经常从大海里捕捉沙丁鱼。然而由于沙丁鱼是一种不易成活的鱼类，尽管鱼贩们想方设法地让沙丁鱼活着，但是大部分沙丁鱼还是会在中途窒息死亡。因此，市面上活沙丁鱼的价格要比死的沙丁鱼高出几倍。后来，人们发现有一条渔船能够将活鱼带回港。人们调查询问原因，才发现鱼槽内多了一条鲶鱼。原来鲶鱼进入鱼槽后，由于环境陌生，便四处游动。沙丁鱼见了鲶鱼十分紧张，左冲右突，四处躲避，加速游动。这样一来，一条条沙丁鱼活蹦乱跳地回到了渔港。这就是著名的"鲶鱼效应"。

　　鲶鱼效应让人们知道：沙丁鱼如果没有外界的刺激，就会变得死气沉沉。同样，一个人如果没有外界的刺激，那他就会甘于平庸，养成惰性，最终导致庸碌无为。日常生活中的安逸，事业的稳定，满足于现在的财富，会促使产生消极的情绪和不思进取的态度。

　　在财富的积累上，不能够安于现状，要保持一颗进取的心。有时外界的刺激，能促使大脑在紧张的情绪中，保持机体的生机与活力，有利于更好地做事情。如果只想守着现在的财富过一辈子，坐吃山空，往往会在竞争中或社会的进步中慢慢落伍、退步、消失，财富也随之被淹没在时代的潮流之中。

　　在如今的社会中前行，如同在逆水行舟，原地踏步就等于退步。懂得这个道理，在财富的积累上，就更应该学会积极主动。

　　王泽和王凯是高中同学，因为家庭条件的限制，都没能上大学。于是两人都跑到福州谋生路。最初，两人一起去服装厂给人家打工，挣了一些钱，后来各自开了一间不大不小的普通服装店，算是有了自己的一份事业。

第六章　全球富人们都在用的10大财富吸引力法则

　　王泽循规蹈矩地经营着小店，比起给人家打工，自己干很舒心，而且钱也不少挣。干了几年后，王泽买了一套小型房。总的来说，虽然平时挺累，但有闲钱可以泡泡酒吧，打打牌，生活也算比较滋润。王泽对这种生活很知足。

　　王凯则不同。他对自己一直销售这种低端货很不知足，一是利润太少，二是这种薄利多销的方式在福州这块地面上已经饱和；另外，产品单一，很容易受市场负面的影响，他看到市场时时存在着危机。于是王凯细心观察市场，多累积人脉，准备逐渐向中高档市场发展。

　　五年后，王泽因为受市场的影响，产品一直滞销，王泽害怕这样下去钱会越赔越多，于是关门大吉，改行给别人打工。而这时王凯则成了当地众多知名品牌的代理经销商。他已经买了两套房，买了私家车，而且，还准备向房地产行业进军。他与王泽渐渐拉开了差距。

　　王泽因为安于他自己的"滋润"的生活，被他这种生活消磨掉了斗志，所以生活混得越来越差；王凯看到了潜在的危机，危机刺激他一直寻求突破，最终取得了成功。王泽与王凯的事例说明，故步自封，不思进取的人，注定要被社会所淘汰。

　　当大学生毕业的时候，将来买房、养孩子的压力会凸现出来，这个时候抱怨、惆怅都于事无补。我们要学会将压力转化成动力，把抱怨用在如何取得财富的心思上。如果面对财富上的成功望而却步，只满足于生活的安逸，最终将导致永远积累不起属于自己的财富。

　　古人说："君子爱才，取之有道。"人们喜欢钱本无可非议，但是取得财富，必须要用正当的手段。想不吃苦，就能轻轻松松地挣钱，这是一种不健康的心态。《蜗居》中的海藻，就是因为看到姐姐奋斗的艰苦便心生畏惧，走上了"第三者"的道路，最终落得一个令人痛心的结局。

王永庆法则：节省一元钱等于赚了一元钱

赵杰在一家公司做办公室文员。刚来公司上班的时候，老总非常器重他，对他委以重任，手头有什么事总是交给他去干，并给他充分发挥才干的空间。

有一次，赵杰因为有工作没做完，周末来公司加班。正巧老总也来办公室拿些东西，注意到一些细节：赵杰在随手记录东西的时候，信手从抽屉取出一张A4打印纸，记下寥寥几个字，然后就把这张纸给"报废"了，扔进垃圾桶，而在桌子的一旁，放着成沓的便笺纸却不用。

在一间办公室，老总发现灯还亮着，而当天正是晴空万里，室内的光线非常充足，根本不用开灯；办公室的窗子开了一个十几公分的缝隙，空调却在运行着……

看到这些，老总很生气，当面责怪赵杰不懂得节约。赵杰听了，心里也很不是滋味：本来自己加班加点地干活，应该受到表扬才对，老总不应该拿这些鸡毛蒜皮的"小事"指责他。不就是一张纸、一度电嘛，何必小题大做？再说了，用干净的A4纸记录东西也是为了工作，开灯只是大家忘了关开关而已，窗户开条缝隙也有利于空气对流呀，有必要管得这么严吗？

在现实生活中，我们大多看重的是财富的创造，对于节俭似乎注意不够，有时甚至认为这是小家子气。所以，我们上班时不会珍惜几度电、几张纸，在家不会珍惜锅碗瓢盆，买东西也不会计较几块钱。殊不知，节俭也是理财的一部分。学会了节俭每一分不必花费的钱，你也就学会了对财富的运用和创造。

有台湾"经营之神"、台湾企业界"精神领袖"之称的台塑总裁王永庆先生生前曾在多个场合反复强调这样一句话："节省一元钱等于净赚一元钱。"他的这一思想被台塑集团员工奉为经典，并被岛内外企业管理者称为王永庆法则。其实，不仅在企业管理中，我们也应该把这条法则贯穿到我们生活中，作为我们立身处世的行为准则。

赚钱要依赖别人，节省只取决于自己。获得财富，不仅要靠自身努力创造出经济价值，还要做到节约，珍惜每一分钱，做一个地地道道的"吝啬鬼"。我们都知道犹太人能赚钱，因为犹太人在看到地上即使只有一分钱的时候，也会捡起来，而多数人这时是不屑于弯腰的。

比尔·盖茨和一位朋友同车前往希尔顿饭店开会，由于去迟了，以致找不到车位。他的朋友建议把车停在饭店的贵客车位，盖茨不同意。他的朋友说"我来付"。盖茨还是不同意。原因很简单，贵客车位要多付12美元停车费，盖茨认为那是"超值收费"。作为一位天才的商人，盖茨认为：花钱像炒菜一样，要恰到好处。盐少了，菜淡而无味，盐多了，苦咸难咽。哪怕只是几元钱甚至几分钱，也要让每一分钱发挥出最大的效益。

有一年夏天，32位世界级企业家（总资产超过英国一年的国民经济总收入）举办了一次夏日派对，盖茨应邀出席这个盛会。身穿的一套服装，是他在泰国菩提岛休假时花了不到10美元买的，还抵不上歌星、影星干洗一次衣服所花的钱。盖茨说，一个人只有当他用好了他的每一分钱，他才能做到事业有成，生活幸福。

长期以来，比尔·盖茨的个人资产在富豪榜上都占据第一的位置，但在个人生活上，一直很简朴。在与员工平时相处中，比尔·盖茨从不像是个有钱人。他很少去一些豪华的餐馆就餐，喜欢买打折的产品。可以说，比尔·盖茨有点吝啬，可他自己知道，他赚的每一分钱都来之不易，是他的血汗钱，所以不应该乱花，应花在刀刃上。

当然，比尔·盖茨也有慷慨的时候，他和妻子设立了自己的基金会，每年给慈善事业进行捐助，用于帮助那些需要帮助的地区，这是他承担的社会责任，给他带来了好的名声。

许多人知道"吝啬"可以增加你的财富，但是很少有人能把"吝啬"当成一种习惯。如果你现在还在为看不到自己财富的增加而忧心忡忡，那么就应该马上开始培养自己的节俭意识，养成勤俭节约的好习惯，你的财富就在这一点一滴中慢慢增加了。

马太效应：财富的积累需要基石

《新约·马太福音》第二十五章有这样一句话："凡有的，还要加给他；没有的，连他所有的也要夺过来。"

马太效应的名字就来源于《新约·马太福音》中的一则寓言：

从前，有个人要出门远行，临行前把三个仆人叫来，分别给了他们五千、两千、一千两银子。第一个仆人把钱拿去做买卖，另外赚了五千两银子；第二个仆人，也照样赚了两千两银子。第三个仆人，找了个安全的地方，把主人的银子埋到土地里。

等主人远行回来，几个仆人分别前来报告。第一个仆人说："主啊，你交给我五千两银子，请看，我又赚了五千两银子。"主人说："好，你这又善良又忠心的仆人，你在不多的事上有忠心，我要把许多事派你管理。"第二个仆人也来说："主啊，你交给我两千两银子，请看，我又赚了两千两银子。"主人说："好，你这又善良又忠心的仆人，你在不多的事上有忠心，我要把许多事派你管理。"

第三个仆人也来说："主啊，我知道你是忍心的人，没有种的地方要收割，没有散的地方要聚敛。我就害怕，去把你的一千两银子埋藏在地里。请看，你的银子在这里。"主人回答说："你这又恶又懒的仆人，你既知道我没有种的地方要收割，没有散的地方要聚敛，就当把我的银子放给兑换银钱的人，到我来的时候，可以连本带利收回。"于是夺过他的银子，给了那个有一万两银子的仆人。

美国科学史研究者罗伯特·莫顿将马太效应归纳为：任何个体、群体或地区，一旦在某一个方面（如金钱、名誉、地位等）获得成功和进步，就会产生一种积累优势，就会有更多的机会取得更大的成功和进步。通俗点说，就是强者越强，弱者越弱。

特别是在经济领域中，马太效应普遍存在。例如，在某个领域内，若一家公司树立品牌的知名度越高甚至取得垄断地位，那它能获得的市场份额与利润也就越高；反之，那些没有率先树立起知名度的小企业，就不得不在市场的夹缝中求生存，得到市场认可的难度也就更大。

当我们注意财富分配现象的时候，这一现象不难理解：因为富人能够投资于创建财富的新来源，因此，富人越富，他就赚得越多。这一过程将不停重复，富人将变得越来越富，没有什么力量可以阻止这一过程。这将是一个长期的过程。

对于一个开创事业的人来说，要使自己不被马太效应所抛弃，积累必要的资本是必不可少的步骤。

有个故事：

一个穷人，生活非常艰难。一个富人见他可怜，就起了善心，想帮他改变一下穷苦的现状。于是富人送给他一头牛，嘱咐他好好开荒，等春天来了撒上种子，秋天就可以脱掉"贫穷"这顶帽子了。

穷人很感激富人，于是满怀希望开始奋斗。可是没过几天，就发现这样一个事实：牛要吃草，人要吃饭，所以还得去买草料，这样的话日子比过去还难。穷人就想，不如把牛卖了，买几只羊，先杀一只吃，剩下的还可以生小羊，长大了拿去卖，可以赚更多的钱。

穷人就这样办了，只是吃了一只羊之后，小羊迟迟没有生下来，日子又艰难了，忍不住又吃了一只。穷人想：这样下去不得了，不如把羊卖了，换成鸡，鸡生蛋的速度要快一些，鸡蛋立刻可以赚钱，日子立刻可以好转。

穷人的计划又如愿以偿了，但是日子并没有改变，又艰难了，又忍不住杀鸡，终于杀到只剩一只鸡时，穷人的理想彻底崩溃。他想：致富是无望了，还不如把鸡卖了，打一壶酒，三杯下肚，万事不愁。

很快春天来了，发善心的富人兴致勃勃送种子来，竟然发现穷人正就着咸菜喝酒，牛早就没有了，房子里依然一贫如洗。

富人转身走了。穷人仍然一直穷着。

故事中的穷人只看到眼前的困难，而看不到长远的财富，花明天的钱来过今天的日子，所以永远也无法摆脱穷苦的命运。一个投资专家说，他的成功秘诀就是：没钱时，不管再困难，也不要动用投资和积蓄，因为这是你积累财富的基础。压力会使你找到赚钱的新方法，帮你还清账单。这是个好习惯。

马太效应的积极作用是：它能使成功的人获得越来越多的荣誉和越来越高的评价，会促使财富积累得越来越多，并且形成一种习惯；同时这对其他表现一般的人有巨大的吸引力，会激励促使他们去努力。

马太效应也会产生消极的作用：经济上容易造成贫富分化，在促进社会公平方面也是不利的。有人说，马太效应的出现，实质上是社会强势群体对弱势群体平等教育权的掠夺，必然会加速社会财富和权力之间的两极分化；另外，如果失败会让人灰心丧气，一个人遇到了挫折与失败之后，就会立刻感到周围人的疏远、轻视甚至责怪，这让他的信心荡然无存，甚至破罐子破摔，产生一种恶性循环，那他离成功也就越来越远了。

要想消除合作学习中马太效应的消极作用，我们就要努力实现评价的社会公平感。马太效应导致人们心理不平衡的一个主要原因，是人们只在乎努力究竟有没有给其带来财富，而不注意努力的过程。所以，在判断一个人是否成功时，我们不仅要关注他有多少资产，更要关注他奋斗的过程，对发展条件和奋斗程度的不同要有不同的要求和评价。同时，更应该关注处于弱势地位的群体。

毛毛虫效应：培养获得财富的思维

法国科学家约翰·法伯进行过一个著名的毛毛虫实验：

约翰·法伯在一只花盆的边缘摆放了一些毛毛虫，让它们首尾相接，围成一圈；与此同时，在离花盆几英寸以外的地方放了一些它们最爱吃的松针。由于毛毛虫天生就有跟随的习性，因此它们一只跟着一只，盲目地跟随着前面的毛毛虫，绕着花盆一圈圈地爬行。这群毛毛虫就这样一小时、一天、两天地兜圈子，连续七天七夜后，终于筋疲力尽而死。

法伯在自己的实验总结中写道：在那么多毛毛虫中，如果有一只与众不同，那么它就能改变命运。

这其实也反映了生活中的一条规律：如果你墨守成规，只会亦步亦趋地跟在别人后边，你的命运就会跟那些毛毛虫一样，一直做无用功，直到彻底的失败；相反，如果你稍微动一下脑筋，跳出惯常的思维习惯，从反面或侧面想问题，则往往能得出一些创新性的设想，你的命运往往就此而发生改变。

人人都有赚钱的欲望，却很少有人能做出致富的行动。当一个人只会按部就班地在自己的一亩三分地上耕耘，很难做出超出自己能力的成就。想致富，就要想他人之未曾想，做他人没有做过的事。如果有一个敢于创新的思维，获得财富就不用整天白日做梦。

看看一个善于创新的思维是怎样给一个苹果经销商带来财富的：

有一年，根据市场预测，该年度的苹果将供大于求。这让众多的苹果供应商和营销商暗暗叫苦，他们都认定损失已经不可避免。就在大家为即将到来的损失唉声叹气时，吴新却没有抱怨这个事实，而是暗暗地想解决的办法。后来他灵机一动,想到可以在苹果上做做文章。

当苹果还长在树上时,吴新就把提前剪好的纸样贴在苹果朝阳的一面,如"喜"、"福"、"吉"、"寿"等。由于贴了纸的地方阳光照不到,苹果上也就留下了痕迹——比如贴的是"福",苹果上也就有了清晰的"福"字!因为这样的苹果的确少见,人们觉得新奇,纷纷掏腰包。靠着他这市场上独一无二的苹果,在该年度的苹果大战中独领风骚,赚了一大笔钱。

转眼到了第二年,其他的苹果经销商都纷纷效仿。吴新又想出了新点子,这次在苹果的包装上下了工夫。他按照各种节日的需要,分别设计出了不同的特色,与节日的气氛相融合。这样一来,吴新的苹果更加吸引人们的眼球,人们纷纷选购他的苹果作为礼品送人。而原本效仿他的经销商的苹果,因为人们见得太平常了,纷纷掉价。

吴新之所以能够在激烈的市场竞争中胜出,这与他创新的思维是分不开的。成功的人都有一个共同的特点:他们总是被别人模仿。失败的人则总是在模仿别人。

巴菲特定律告诉人们一个事实:到别人都投资的地方去投资,肯定是不会发财的。想要获得财富,我们不能再像毛毛虫那样做毫无意义的努力,而应该转变思路和善于另辟蹊径,以便更有技巧、更有效率地工作,从而达到事半功倍的效果。

曾经有人说,在发展的道路上,我们遇到的每一个问题都是新的,我们必须时时要有创新,所以说早创新早发展,晚创新就会埋下危机,不创新就意味着死亡。在这样一个时代,人们要么变得富有,要么穷苦没落,甭想过舒服日子。所以说,要把创新作为头等战略大事来抓,要把创新的意识渗透到我们所做的每一件小事上来,让创新成为一种习惯,你才能成功。

睡眠者效应：脑白金广告为什么会导致产品的热销

关于脑白金广告，自从其在媒体上播出后，负面评论便不绝于耳，广告业内人士毅然决然地将其视为毫无美感和创意的失败案例，但是凭此广告，脑白金却创下了几十个亿的销售额。为什么一个让大多数人反感的广告反而导致产品的热销呢？要破译这一现象，首先要从睡眠者效应说起。

所谓的睡眠者效应，指的是由于时间间隔，导致人们容易忘记信息的来源，而只保留了对内容的模糊记忆。

心理学家凯尔曼和卡尔·霍夫兰本来研究的命题是"信息高低可靠性的影响有多久可保持，会不会随时间的推移而发生变化？"，结果在进行研究的时候，他们意外发现了睡眠者效应。在一个实验中，他们向两组中学生被试者出示一篇名为"司法制度应从宽处理少年违法者"的读者来信，阅读者在甲组扮演一位知识渊博、公正无私、值得信赖的人，在乙组扮演一个无知、有偏见而不负责任的人。当阅读者读完信件后，实验者让被试者表态。结果显示，甲组的被试者比乙组的被试者更加认可信件的内容，这便说明高可信性信息源对被试者的态度影响较大。三周后，实验者再次询问被试者对来信内容所持的态度。在询问时，实验者让两组中各一半被试者重复阅读读者的信息，另一半则不提及。结果发现：两组中回忆阅读者的被试者，其赞同程度都有所下降，而且下降幅度差不多。而两组中另一半没有提及阅读者的被试，赞同程度发生了明显的变化，前者下降，后者上升——他们的赞同程度几乎不存在差异。

对于上述现象，心理学家的解释为——如果信息传播源是一个威信高的人，在他说话刚结束时，他的说话内容对受传者的影响是颇大的，但是隔了一段时间后，由于受传者忘记了说话者，而只记得说话的内容结果其影响明显有了降低——可见，其中降低的这部分影响效果主要少去了说话者威信高所产生的情感效应；如果信息传播源是一个威信较低的人，那么，在他说话时，他所传播的信息产生的影响是很小的，但是过了一段时间后，听话者对说话者的印象便逐渐变得淡薄，只记得他当初说了什么，这便导致信息的影响力有了明显的提高——由于说话者的威信低所产生的情感效应降低，以致提高了听话者对他所传播信息的认可度。

睡眠者效应启示我们，我们在接受信息时，我们如何对信息作出感应，除了与信息本身内容有关外，还与信息的提供者的威信紧密相关，不过随着时间的流逝，信息提供者对于信息接收者的影响就逐渐式微，人们的态度主要还是取决于信息本身。

脑白金通过恶俗广告而街知巷闻，人们虽然对脑白金广告不感冒，但是该产品仍然畅销全国。对于这种现象，国外一名消费行为学家认为：过多地重复广告信息虽然引起受众的反感，但却不影响受众对信息的记忆以及日后的商品购买行为。随着时间的推移，人们那些愉快或不愉快的情绪反应都会不复存在，只有广告信息本身牢牢地保持在消费者记忆深处——从根本上说，这就是一种睡眠者效应。

选择性注意：为什么商家都会对眼球经济倍加推崇

在现代强大的媒体社会的推波助澜之下，眼球经济比以往任何一个时候都要活跃。电视需要眼球，只有收视率才能保证电视台的经济利益；杂志需要眼球，只有发行量才是杂志社的经济命根；网站更需要眼球，只有点击率才是网站价值的集中体现。为什么商家纷纷对眼球经济倍加推崇呢？这得从心理学中的选择性注意说起。

人们在日常生活中面对许多刺激物，不可能对什么刺激物都加以注意，绝大多数都被筛选掉了，只有一小部分能引起人们的注意，那些引起人们注意的刺激物，便是选择性注意。

1958年，英国心理学家Broadbent对于双耳分听的一系列结果进行研究后，提出了过滤器理论，该理论解释了注意的选择作用。过滤器理论认为，神经系统在加工信息的容量方面是有限度的，不可能对所有的感觉刺激进行加工。当信息通过各种感觉通道进入神经系统时，首先要经过一个过滤机制，只有一部分信息可以通过这个机制，并接受进一步的加工，而其他的信息就被阻断在它的外面，直至完全消失。Broadbent把这种过滤机制比喻为一个狭长的瓶口，一部分水通过瓶颈进入瓶内，另一部分则留在瓶外了，所以，过滤器理论也叫做瓶颈理论或单通道理论。

研究表明，在商品市场上，消费者面对林林总总的产品信息，一般有三种情况能引起人们的注意：一是与目前的需要紧密相关的，如一个饥肠辘辘的人进入超市，那些关于食物的信息便更能引起他的注意；二是预期将会出现的，比如一家公司在推出一个新产品前通过广告大举造势，由于对此产品的出现形成期待心理，人们便会格外关注与此产品相关的信息；三是变化幅度大于一般的、较为特殊的刺激物，如与降价5%的广告相比，降价50%的促销告示会引起人们更大的注意。

在市场竞争中，消费者面对的是层出不穷的商品和数不胜数的促销广告，如果商家所销售的产品或者为其所做的营销推广毫无新意，便很难引起消费者的注意，无法在市场竞争中获胜——在某些人看来，眼球经济或许有媚俗的成分，但是为了使所销售的产品在众多的商品中脱颖而出，你便不得不千方百计吸引消费者的目光——吸引注意是成交的第一步。

名人效应：商家为什么热衷于名人代言

随着市场竞争的加剧，企业产品特别是同类产品竞争激烈，为了突出企业个性，增加产品的影响力和美誉度，让人迅速识别产品，大多数企业都选择了由名人代言，期许利用名人战术在市场份额中分得一杯羹。这便是一种名人效应。

所谓的名人效应，就是由于名人的出现而带来的引人注意、强化事物和扩大影响现象。名人效应已经在人们生活中的方方面面产生深远影响，比如名人代言广告能够刺激消费，名人出席慈善活动能够带动社会关怀弱势群体等等。简单地说，名人效应相当于一种品牌效应，它可以对人们产生强大的说服力，起到塑造人们行为的作用。

俄国心理学家符—施巴林斯曾做过这样一个实验：他把进修班学生分成四组，请一位副教授分别向他们作一次演讲，演讲的题目是"阿尔及利亚学校教育情况"。对于四组学生，讲演者采用了同样的讲稿和教态，分别以不同的身份和服饰装扮亮相——第一组以副教授的身份出现；第二组以中学教师的身份出现；第三组以参加过阿尔及利亚国际赛运动员的身份出现；第四组则以保健工作者的身份出现。

结果发现，这四组学生对演讲的评价出现了显著的异议，第三、四组的学员反映，讲演者语言贫乏，内容枯燥无味，教态沉不住气，甚至有人埋怨听其演讲简直是白费时间。而第一组学员普遍地给予好评，认为讲演者学识渊博，对问题及其特点研究得很细致，而且语言生动活泼，教态落落大方，因而感到颇有收获。

由此可见，如果学生对演讲者持有消极的态度定势，演讲者就难于对他们产生说服力，反之，如果学生对演讲者持积极的态度定势，他们则易于接受演讲者的态度和观点。研究者由此探讨了影响说服力的因素，他们认为，说服者的影响力主要取决于两个因素，其一是说服者的专业性，具体指的是说服者的身份、所接受的教育训练、社会地位、职业与年龄等等；其二是可信度，可信度主要和扮演宣传者角色人物的人格特征、外表形态以及在讲话时的信心、态度有密切关系，此外，可信度还与接受宣传的人对宣传者讲话意图的理解有关。

正是基于上述结论，商家为了使自己的产品在消费者中间形成品牌影响力，多会借助名人效应，以请名人代言的方式推销自己的产品，甚至不惜重金，请那些国家大牌明星为自己的产品代言。因为在整个社会群体中，名人多是某种成功意义的象征，他们不论是在专业性方面，还是可信度方面，普通大众都给予了他们较高的评价。

心理账户：为什么巨额奖金获得者再次沦为垃圾工

2002年，26岁的英国男子迈克尔·卡罗尔还是一名一贫如洗的垃圾工，结果他因买彩票而中了970万英镑的巨额奖金，成了一个名副其实的富人。

然而，8年以后，当卡罗尔重新出现在人们面前时，已经完全不复当时那个瘦削羞涩的幸运儿的模样，变成了一个邋遢、不修边幅的胖子。此时，卡罗尔已经挥霍完毕了全部奖金，不得不靠救济金过日子。

这8年到底发生过什么事情？原来，曾是幸运宠儿的卡罗尔以最简单粗暴的方式对待从天而降的这笔横财——挥霍。他一领到奖金，就豪爽地将大批钱财馈赠亲友。他自称，中奖之后，脑海中只有三件事：毒品、性还有黄金。

到2008年，卡罗尔只剩下最后的50万英镑了。2009年，他不得不卖掉自己花40万英镑（约合425万元人民币）买的多辆豪华轿车，然后靠这些钱过活。2010年，卡罗尔待在一处小公寓中靠救济金度日，他可能重操旧业，重新成为一个垃圾工。

由于毫无规划地恶性挥霍，卡罗尔被誉为"最恶劣中奖者"。试想，如果当初这970万英镑不是因中奖得来的，而是卡罗尔通过努力工作获得的，他还会如此挥霍这笔巨款吗？很可能的答案是：不！为什么同样是钱，但是由于来源不同，人们处理钱财的手段也会不同呢？从心理学的角度来看，这是因为人们不自觉地把钱放入了不同的"心理账户"。

心理账户是行为经济学中的一个重要概念，最早由芝加哥大学行为科学教授查德·塞勒所提出，指的是对于总体经济账户上的进出项记录，人们将它们记录到若干个不同的心理分录科目。也就是说，人们自发地对自己所获得的金钱分门别类，以致针对不同的类别采取了不同的态度。通俗地来说，即"将某笔账算到某件事情或者某个人的头上"。可以举这样一个例子，你这个月意外地获得了1 000块钱的奖金，由于认为这是出乎意料的财富，你多会很快地将它们花光，比如花800块钱买一条心仪已久的领带。但是如果这1 000块钱是以支付工资的方式获得的，你大概就不会这么大方了，也许会谨慎盘算一下如何花费它们。由于把1 000块钱归类到了不同的心理账户，导致你的消费行为截然不同。

关于心理账户，塞勒教授讲过这样一段亲身经历——有一次他去瑞士讲课，获得了不错的讲课报酬，他很高兴，讲课之余便在瑞士进行了一次旅行，虽然瑞士是全世界物价最贵的国家，但是教授仍然对这趟旅行非常满意，觉得物超所值。

后来，塞勒有一次去英国讲课，他也获得了不错的报酬，可是这一次旅行让塞勒感觉非常不舒服，因为他觉得瑞士的物价太高了。

为什么同是去瑞士旅行，花同样的钱，前后两次的感受完全不一样呢？原因就在于，第一次旅行时，塞勒把在瑞士挣的钱跟花的钱放在了一个账户上；第二次旅行则不是这样，他把从英国赚的钱放在了瑞士的账户上——从而觉得，第二次的旅行没有第一次旅行愉快。

按照常理来说，我们都有两个账户，一个是经济学账户，一个是心理账户，在经济学账户里，只要绝对量相同，每一块钱是可以替代的；在心理账户里，人们对每一块钱并不是一视同仁，而是根据钱的不同来源，对"去往何处"采取了不同的态度。一般而言，心理账户有三种情形：

一是将各期的收入或者各种不同方式的收入分在不同的账户中，不能相互填补；

二是将不同来源的收入做不同的消费倾向；

三是用不同的态度来对待不同数量的收入。

由于心理账户的存在，很多人在作决策时往往会违背一些简单的经济运算法则，从而做出许多非理性的消费行为。例如，如果一个人偶然从股市上赚了很多的钱，在随之的投资行为中，他便会采取风险更大的投资决策——这种冒进的行为常会导致投资者输掉大把的钱。

羊群效应：投资市场上的趋同性心理

在一群羊前面横放一根木棍，第一只羊跳了过去，第二只、第三只也会跟着跳过去；这时，把那根棍子撤走，后面的羊，走到这里，仍然像前面的羊一样，向上跳一下，尽管拦路的棍子已经不在了，这就是所谓的羊群效应，也称从众心理。经济学里经常用羊群效应来描述经济个体的从众跟风心理，指的是在信息不对称的情况下，投资者由于对信息缺乏了解，很难对市场未来的不确定性作出合理的预期，便通过观察周围人群的行为而提取信息，在这种信息的不断传递中，许多人的信息将大致相同且彼此强化，从而产生了从众行为。羊群效应是由个人理性行为导致的集体的非理性行为的一种非线性机制。

凯恩斯曾经指出："从事股票投资好比参加选美竞赛，谁的选择结果与全体评选者平均爱好最接近，谁就能得奖，因此每个参加者都不选他自己认为最美者，而是运用智力，推测一般人认为最美者。"出于归属感、安全感和信息成本的考虑，小投资者往往会采取追随大众和追随领导者的方针，直接模仿大众和领导者的交易决策，以此来规避投资风险。除此之外，系统机制也可能引发羊群效应。比如，当资产价格突然下跌造成亏损时，为了追加保证金或者遵守交易规则，一些投资者便不得不将他们持有的资产割仓卖出。如果很多的人都投资股票市场，便可能导致投资者能量迅速积聚，从而形成趋同性的羊群效应。在追涨的时候大家都蜂拥而至，大盘跳水时，恐慌心理满山遍野，每个人都恐慌出逃，此时极易将股票杀在地板价上。这就是为什么牛市中慢涨快跌，而杀跌又往往一次到位的根本原因。

"假如你在绝望时抛售股票，你一定卖得很低。"——这是投资大师彼得·林奇的金玉良言——其实当市场处于低迷状态时，正是进行投资布局、等待未来高点收成的绝佳时机。但是由于大多数人存在着羊群心理，当大家都对未来悲观时，一些具有最佳成长前景的投资品种也无人问津；等到市场热度增高，大家又争先恐后地进行抢购，随着市场的调整，再一窝蜂地匆忙杀出——可以说，羊群效应是大多数投资人都无法克服的投资心理。

凡勃伦效应：富商为什么高调征婚

商品的价格定得越高，就越能受到消费者的青睐，这便是凡勃伦效应的中心主旨。消费者身上存在的这种商品价格越高反而越愿意购买的消费倾向，最早由美国制度经济学家所提出，因而被命名为凡勃伦效应，它反映了人们进行炫耀性消费的心理愿望。

人们进行炫耀性消费的目的通常并不是为了获得直接的物质满足与享受，而是为了满足自己高人一等的社会心理。由于拥有一些特殊商品更能产生炫耀性的效果，如收藏名画、艺术品凸显品位的不同凡响，购买奢侈轿车显示地位的高贵等，一般而言，这类商品价格定得越高，反而越能促使消费者购买它们。通常来说，随着社会经济的发展，炫耀性消费的趋势只增不减。

关于凡勃伦效应，有这样一个哲理故事：

一位禅师给了一个门徒一块石头，叫他去蔬菜市场，并且试着卖掉它，这块石头非常漂亮。师父特意嘱咐门徒说："不要卖掉它，只是试着卖掉它，多问一些人，然后回来告诉我，它在蔬菜市场上能卖多少钱。"

门徒到了菜市场，有的人对石头出了价，但最多也只不过是几个小硬币。门徒回来说："它最多只能卖几个硬币。"师父说："现在你去黄金市场，问问那儿的人。但是也不要卖掉它，光问问价。"

门徒从黄金市场回来后，非常高兴，说："太不可思议了，有的人乐意出到1 000元。"师父平静地说："现在你去珠宝市场那儿，低于50万元不要卖掉。"

门徒继而又去了珠宝商那里，让门徒大吃一惊的是，竟然有人愿意出价5万块，门徒谨遵禅师的教导，没有卖掉石头，后来，人们争着叫价，直到价格飙升到50万元的时候，门徒出售了石头。

门徒回到禅师那后，禅师意味深长地说："现在你明白了，石头到底以什么价位出售，关键在于你是否有鉴赏力，如果你不要更高的价钱，你就永远不可能以较高的价钱出售。"

当然可以猜想的出，禅师给予门徒的石头并不是一块普通的石头，否则这样的故事就有些天方夜谭了。虽然以50万元的价位购买一块石头看似非常的不理性，但这也说明了，高价对于消费者做出购买行为的唆使性。

很多富商名流们频频亮相拍卖市场，他们在拍卖会上一掷千金，一幅画作动辄以上千万美元的价位成交，在普通大众看来，这种行为非常不理性，然而这种非理性行为正是来源于购买者的炫耀性消费心理，因为凡·高、雷诺阿、毕加索等这些名字已经成为财富和品位的象征，富商名流们通过拥有名家的作品来显示自己的高人一等。

与重金购买艺术品一样，富商们在媒体上公开征婚的目的也通常并非为了如愿以偿地找到配偶，因为很少有某一个富商通过高调征婚而寻找到真爱的。从某种意义上说，富商的这种行为也是一种炫耀性消费，按照男权主义的逻辑，女人通常被视为男人的附庸，等同于男人的财产，能够拥有才貌双全的女子自然也是男人拥有财富和地位的象征，因此，所谓的"抱得美人归"与其说是真爱与共，还不如说是富商的另一宗炫耀性消费。

第七章
战胜自己战胜挫败改变人生的10大成功定律

【本章心理学冷知识关键词】
瓦拉赫效应｜罗森塔尔效应｜自我实现的诺言｜自我效能感｜安慰剂效应｜标签效应｜拱道效应｜摩西奶奶效应｜桑代克试误说｜迁移效应

瓦拉赫效应：发挥自己的优势

诺贝尔化学奖获得者奥托·瓦拉赫的成才经历就像一部童话：

他上初中的时候，父母为他选择了文学道路，和化学没有一点关系。一个学期之后，老师对他的评价是："……难于造就成为文学之才。"

父母一见这条路行不通，又让瓦拉赫改学油画。然而，他的油画成绩在班内名列倒数第一。

面对这样一个笨学生，大部分老师都觉得他成才无望，只有化学老师觉得他做事一丝不苟，具有做好化学实验的素质，于是就建议他改学化学。

这一次，瓦拉赫的智慧之火一下子就被点燃了，这位文学艺术的"不可造就之才"突然成了公认的化学领域"前途无量"的高材生。后来的事实也证明，瓦拉赫取得了巨大的成就，并于1910年获得了诺贝尔化学奖这个至高无上的荣誉。

瓦拉赫的故事告诉我们，每个人都有自己独特的优势，只要我们能够找到发挥自己潜能的方向，辅之合理有效的学习，就能够取得应有的成绩。后人将这种现象叫做瓦拉赫效应。

在家长培养子女方面，瓦拉赫效应启示重大：在孩子们中间不存在所谓的差等生，就算他（她）如今表现平平，甚至不尽如人意。任何一个人都是独特的，每个人都是多种智力因素程度不一的组合。在对待孩子的问题上，大家应当知道，评价孩子不是聪明不聪明的问题，而是哪些方面聪明以及该如何发挥其聪明的问题。

大量事实证明，一个人只能从自己的优势而非劣势中获得成功。

曾有一个孩子因考试发挥失常，高考落榜了，他久久不能从失败的阴影中走出来，整日无精打采，对学习与未来丝毫不感兴趣。

有一天，孩子的爸爸拿出了一张白纸与一支笔，让他想想自己的不足与缺点，每想到一处就在纸上画一个黑点。

孩子拿起笔，一直在白纸上画了好久，当他画完之后，爸爸拿起那张白纸，问他看见了什么。

孩子答道："黑点啊，全都是讨厌的缺点！"

爸爸笑了笑，说："除了黑点以外，你没看见那么多空白处吗？"

孩子若有所思地点点头。

爸爸继续问："当你在这张纸上写字时，你是在空白处写还是在黑点上写？"

孩子有些不解地答道："当然是在空白处写了。"

爸爸意味深长地对孩子说："当你在纸上写满字时，可能黑点刚好就被盖住了，就算没盖住，人们看到的也只是上面写的内容，而非黑点。"

这时，孩子才恍然大悟。此后，他开始发奋学习，不再意志消沉了。

故事中爸爸的做法让我们知道，充分发挥自己的优点，就可以弥补自己的缺点和不足，从而树立信心。然而令人担心的是，如今我国大部分教育体制只是教导孩子要认识到自己的不足，然后改正缺点。当孩子成绩不好的时候，家长与老师总是把原因归咎于孩子的缺点，比如责怪孩子上课不认真听讲，不认真记笔记，不用心背课文等等。这样做，只会加深孩子们的反感，甚至加重孩子的自卑感。

要想让孩子像瓦拉赫一样，家长们就应当善于发现孩子的闪光点，要先弄清楚孩子在哪方面聪明。当孩子的学习成绩不理想时，必须冷静分析原因，观察孩子的兴趣和爱好，从中找到适合其发展的优势方向。与此同时，还要创造一定的学习条件，以便点燃孩子的智慧火花。一旦孩子学有所长，自信心就会大大增加，由此产生强大的学习动力，并带动别的方面学习的积极性。

在美国的一些学校，每逢周末，几乎每个孩子都会得到校长的表彰。就算是功课一塌糊涂、品德行为也令人摇头的少年，也得到过"收集科幻玩具奖"等，因为，那个孩子几乎一无是处，但唯有一大爱好：爱买科幻玩具，并且科幻玩具的拥有量全班第一，于是便得了这个奖；还有"喜爱运动奖"等等。美国人都能够如此，我们更应该尽力去挖掘尚未成长的"瓦拉赫"。

每个孩子都是一本值得好好研读的书；只是书的内容千姿百态，于是每一本书的开启方法也不同。但开启每一本书都有一个核心的思想，那就是让孩子感受到成功，让他们感受到自己的努力是有效的，才能发挥他们的后劲。

教育是一种唤醒，是一种发现；而父母是一支火把。用智慧与爱去点燃智慧和奇迹，用发现去帮助孩子，可能这就是瓦拉赫效应的全部意义之所在，这也是我们经常所说的总有一条路适合你。

瓦拉赫的成功，告诉了我们这样一个道理：每个人的智能发展都是不均衡的，特别是在学生时期，每个人都有自己的优势和弱点。而当一个人一旦找到自己的最佳点，使个人才能得到充分的发挥的时候，就能够取得惊人的成绩。

罗森塔尔效应：说你行，你就行

远古时候，塞浦路斯国王皮格马利翁性情孤僻，很少与人接触。他喜爱雕塑。有一次，他用象牙精心雕刻了一个美女的形象。久而久之，他对这个美女心生爱慕。他祈求爱神阿芙洛狄忒赐予雕像以生命。阿芙洛狄忒为他的诚心所感动，于是就使这个美女活了。皮格马利翁后又娶她为妻。

人们从皮格马利翁的故事中总结出了皮格马利翁效应：期望和赞美能产生奇迹。

这与曾经流行的一种说法"说你行，你就行，不行也行；说你不行，你就不行，行也不行"，有异曲同工之处。

从心理学角度而言，这种说法其实是有一定道理的。从某种程度上来讲，当一个人有了天才的感觉，他很有可能就会成为天才；当一个人有了英雄的感觉，他也很有可能就会成为英雄。

对皮格马利翁效应做出经典证明并使它广泛运用的是美国心理学家罗森塔尔和他的助手们，因此皮格马利翁效应又称罗森塔尔效应。

1968年，哈佛大学心理学教授罗森塔尔与助手来到了一所乡村小学，从一到六年级中各选择3个班级，声称要对这18个班级的学生们进行一项未来发展趋势测验。罗森塔尔为这些学生做了一些有关语言能力与推理能力的测验以后，就用赞赏的口吻把一份"最有发展前途者"的名单交给了校长与有关老师，并且叮嘱他们一定要保密，避免影响实验的正确性。

罗森塔尔教授在8个月之后又来到了这所小学，对那些参与过测验的学生进行了复试，结果奇迹出现了：名单上的学生成绩都有比较大的进步，而且性格活泼开朗，自信心比较强，更加乐于和他人交往，各个方面都表现得非常优秀。此时，罗森塔尔才说出了真话：名单上的这些学生并不是通过测验挑选出来的，而是随机挑选的，这只不过是罗森塔尔撒的一个"权威性的谎言"而已。不过，谎言怎么会变成真的了呢？

其实，这是"期望"这根魔法棒在其中发挥着非常关键的作用。罗森塔尔是美国著名的心理学家，对于他的话，老师们都深信不疑。罗森塔尔的"谎言"对老师起了暗示性作用，使其相信那些名单上的学生将来有发展前途，于是寄予了很大的期望。此种期望通过老师们的情感、语言以及行为传递给学生，虽然他们可能并没有注意到这些。

人们把像这种由于他人（特别是像老师、家长或领导者这样的权威人士）的期望和热爱，而使人们的行为发生与期望趋于一致的变化的情况，统称为罗森塔尔效应。

罗森塔尔效应其实体现的就是暗示的力量。暗示作用往往会使别人不自觉地按照一定的方式行动，或者不加批判地接受一定的意见或信念。可见，暗示在本质上，是人的情感和观念，会不同程度地受到别人下意识的影响。

小刘3年前就职于一家广告公司。新闻专业、本科毕业的她在公司一直表现平平。她的顶头上司是个非常傲慢和刻薄的女人，她对小刘的工作经常挑三拣四，没事找事，还时常泼些冷水。一次，小刘针对客户主动地做了一个策划案，但是上司知道了，不但不赞赏她的主动工作，反而批评她不专心本职工作。小刘很受打击，所以以后小刘再也不敢关注自己的职责范围之外的工作了。小刘觉得，上司之所以老是找她麻烦，是因为她不像其他同事一样奉承她。但是她扪心自问不是能溜须拍马的人，所以不可能得到上司的青睐，于是她在公司变得沉默寡言，并计划着准备随时跳槽走人。

后来，公司从其他部门新调来一个上司——Sam。新上司新作风，从国外回来的Sam性格开朗，经常把表扬挂在嘴边，对同事的工作也经常赞赏有加。在他的感染下，小刘也开始大胆地发表自己的看法。新上司对小刘的想法表示肯定和表扬。由于Sam的积极鼓励，小刘工作的热情空前高涨，她也不断学会新东西：起草合同、参与谈判、跟客户周旋……小刘非常惊讶，原来自己还有这么多的潜能可以发掘。想不到以前那个沉默害羞的女孩，今天能够跟外国客商为报价争论得面红耳赤。

小刘的变化，就是我们说的罗森塔尔效应起了作用。在不被重视和激励、甚至充满负面评价的环境中，人往往会受到负面信息的影响，对自己做片面的评价；而在充满信任和赞赏的环境中，人则容易受到启发和鼓励，往更好的方向努力。随着心态的改变，行动也越来越积极，最终做出更好的成绩。

自我实现的诺言：心想事成的秘密

关于"心想事成"，很多人或许会想，所谓的心想事成不过是自欺欺人的把戏，正所谓"三分人事，七分天意"，至于能不能心想事成，主要还取决于上帝的想法。然而，心理学家却通过实验证明，如果你怀有好的期望和信念，你便可能看到你所希望的事情的发生。心理学家将这种现象誉为"自我实现的诺言"，指的是关于某些未来行为或事件的预测对行为互动改变很大，以至于产生预期的结果。试想，某一天，你去参加一个聚会，如果在参加聚会前，你便认为这个聚会非常无聊和浪费时间，当你参加聚会时，你的感觉很可能与当初预期的一样。

人生的法则就是信念的法则。在"运气"这个词的前面应该再加上一个词，就是"勇气"。相信运气可支配个人命运的人，总是在等待着奇迹的出现。这种人只要他上床稍稍躺一下，就会梦见中了大奖或者是挖到金矿般能突然致富的梦；而那些不这样想的人，就会依据个人心态的趋向为他自己的未来去不断努力。

获得成功的人，唯有信念方能左右他的命运，因此他只相信自己的信念。

在别人看来不可能的事，如果当事人能从潜在意识去认为"可能"，也就是相信可能做到的话，事情就会按照那个人信念的强度如何，而从潜意识中激发出极大的力量来。这时，即使表面看来不可能的事，也能够做到了。

人人都想希望成功，最实用的成功经验，那就是坚定不移的信心。有时候，你可能会像阿里巴巴那样喊"芝麻，开门"，就想使门真的移开，那是根本不可能的。你无法用"想象"实现你的目标，但是只要有信心，只要相信你能成功，你就会赢得成功。

关于信心的威力，并没有什么神奇或神秘可言。信心起作用的过程其实很简单：相信"我确实能做到"的态度，产生了能力、技巧与精力这些必备条件，每当你相信"我能做到"时，自然就会想出"如何去做"的方法。

大部分的人可能都认为自己不是个成功的人，而且也认为成功对自己来说是不可能实现的，但真正的事实却是：其实任何人都有成功的机会，只是想不想去获得它而已。如果你想自己所做的事业能够成功的话，首先必须希望成功，相信成功。具备成功的信念，才有心想事成的可能。

现代量子力学表明，世上的万事万物都是由能量组合而成的，而能量就是一种振动频率，每样东西都有它不同的振动频率，正因为此，世界上才出现了纷繁各异的事物。无论是像桌子、椅子等有形的物体，还是思想、情绪等无形的东西，都是由不同振动频率的能量组成的。比如一排音叉，当你敲响其中一个，音叉发出清脆的高调乐声，没多久，其他的音叉也会发出同样高调的乐声，它们的声音会互相应和，产生共鸣，甚至越来越大声。

振动频率相同的东西，会互相吸引而且引起共鸣。人们的意念、思想是有能量的，脑电波是有频率的，它们的振动会影响其他的东西。也就是说，你生活中的所有事物都是你吸引过来的！是你大脑的思维波动所吸引过来的！所以，你将会拥有你心里想得最多的事物，你的生活也将变成你心里最经常想象的样子——这就是如今风靡世界的"吸引力法则"！

你可以这样来理解吸引力法则：无论你的注意力和能量集中在哪个方面，也无论这种注意力或者能量是消极的还是积极的，你都在吸引着它们成为你生活的一部分——这便是如何心想事成的秘密：持续关注那些可以让自己成功的事物，并认为其是可以实现的，那些成功的事物便会成为你生命的一部分。

自我效能感：不要尘封你的梦想

朱莉·安德鲁斯是位英国女演员、歌手和作家，她曾获奥斯卡金像奖、英国电影学院奖、艾美奖、金球奖、格莱美奖、美国演员工会奖、全美民选奖和世界戏剧奖。在其自传《家》中，她提到了自己在12岁那年到米高梅试镜的经历。安德鲁斯这样写道，"当时我看起来如此平凡，他们必须给我化点妆才行。""最后的结论是，'她不够上镜。'"

J·K·罗琳那本关于一个少年魔法师的小说《哈利波特与魔法石》在被伦敦一家小型出版社接纳之前，曾经遭到12家出版社的拒绝。

华特·迪士尼曾经被一家报纸的编辑以缺乏想象力为由解雇。

"飞人"迈克尔·乔丹上高中时曾被校篮球队拒之门外。

……

那么，究竟是什么让这些人走出失败的阴霾并最终获得了成功，而有些人却在挫折面前认了输？心理学家称之为自我效能感，就是指个体对自己是否有能力为完成某一行为所进行的推测与判断。那些后来成功的人在遭遇挫折时，也始终坚信自己能实现自己的梦想，并且矢志不移地践行自己的梦想，终于从现实中获得了丰厚的回报。

自我效能感由斯坦福大学心理学家阿尔伯特·班杜拉在20世纪70年代首次提出，班杜拉在他的动机理论中指出，人的行为受行为的结果因素与先行因素的影响。行为的结果因素就是通常所说的强化，他认为，在学习中没有强化也能获得有关的信息，形成新的行为。因此，他认为行为出现的概率是强化的函数这种观点是不确切的，行为的出现不是由于随后的强化，而是由于人认识了行为与强化之间的依赖关系后对下一步强化的期望，他的"期望"概念也不同于传统的"期望"概念。传统的期望概念指的只是对于结果的期望，而他认为除了结果期望外，还有一种效能期望。结果期望指的是人对自己某种行为会导致某一结果的推测。如果人预测到某一特定行为将会导致特定的结果，那么这一行为就可能被激活和被选择。比如说，如果你感到自己每天努力工作就能获得加薪的奖励，你兢兢业业完成上级布置的任务的概率就会较高。效能期望指的则是人对自己能否进行某种行为的实施能力的推测或判断，即人对自己行为能力的推测。它意味着人是否确信自己能够成功地进行带来某一结果的行为。当人确信自己有能力进行某一活动，他就会产生高度的自我效能感，并会去进行那一活动。也就是说，你不仅意识到兢兢业业工作可以带来较高的薪酬，而且还感到自己有能力去胜任这份工作，你才会对于工作全力以赴。

影响自我效能感形成或改变的因素有如下五个：

（1）成败经验。一般而言，成功的经验能提高个人的自我效能感，多次的失败会降低自我效能感。

（2）替代性经验。人们通过观察他人的行为而获得的间接经验，从而对自我效能感产生重要影响。

（3）言语劝说。言语劝说的价值取决于它是否切合实际。缺乏事实基础的言语劝说对自我效能感的影响不大，在直接经验或替代性经验基础上进行劝说的效果会更好。

（4）情绪反应和生理状态。个体在面临某项活动任务时的身心反应、强烈的激动情绪通常会妨碍行为的表现而降低自我效能感。

（5）情境条件。不同的环境提供给人们的信息是大不一样的。某些情境比其他情境更难以适应和控制。当一个人进入陌生而又易引起焦虑的情境中时，其自我效能感水平与强度就会降低。

哈佛大学医学院的心理学家罗伯特·布鲁克斯表示，"人们在任何年纪都可以发展坚韧的心智。"他说，一个关键是要避免做自我挫败的假设。如果你被解雇了，或者被女友甩了，不要放大被拒绝的感受，不要假设你再也找不到工作，或者再也不会有约会了。（但是，在接踵而来的批评面前，坚持信念是很难的。一位教师在谈及年轻时代的G·K·却斯特顿时这样说，如果打开他的脑袋，"我们除了一堆白色脂肪以外，应该找不到什么头脑。"却斯特顿后来成为了英国极负盛名的作家。）

自我效能感对我们的启示是，千万不要因别人的负面评价而尘封自己的梦想。布鲁克斯教授说："生活中最大的障碍之一就是对羞辱的恐惧。"他说，他与之工作的一些人，过去30年来，一直不愿承担任何风险或者挑战，就是因为他们担心自己会犯错误。

安慰剂效应：心理暗示的巨大力量

一个小女孩生长在一个十分贫困的家庭里，在她很小的时候，父亲便去世了，小女孩与妈妈相依为命。小女孩非常自卑，她从来没有穿过漂亮的衣服，也没有佩戴过什么首饰。就这样，小女孩长到了18岁，在她18岁那年的圣诞节，妈妈给了小女孩20美元，让她为自己买一份圣诞礼物。

她大喜过望，准备去商店为自己买一份礼物，但是她自卑惯了，根本没有勇气从大路上大大方方地走过，只是贴着墙角朝商店走去。

一路上，她看见所有人的生活都比自己好，心中不无遗憾地想，我是这个小镇上最抬不起头来、最寒碜的女孩子。看到自己特别心仪的小伙子，她又酸溜溜地想，今天晚上盛大的舞会上，不知道谁会成为他的舞伴呢？

她就这样一路小心翼翼躲着人群来到了商店。一进门，她感觉自己的眼睛都被刺痛了，她看到柜台上摆着一些特别漂亮的缎子做的头花、发饰。她看呆了，售货员对她说："小姑娘，你的亚麻色的头发真漂亮！如果配上一朵淡绿色的头花，肯定美极了。"在售货员的夸赞下，尽管小女孩觉得16美元的价位有些贵，但还是任由售货员把那朵淡绿色的头花戴在了自己头上。她看了看镜中的自己，突然惊呆了，她从来没看到过自己这个样子，她觉得这一朵头花使她变得像天使一样容光焕发！

她不再迟疑，掏出钱来买下了这朵头花。她感觉自己突然之间变成了一个漂亮的天使，她陶醉其中，接过售货员找的零钱后，转身便往外跑。在出门的刹那，她与一个老绅士撞了一下，她顾不得回头，只是兴奋地往外跑去。

她不知不觉就跑到了小镇最中间的大路上，她看到所有人投给她的都是惊讶的目光，她听到人们在议论说，没想到这个镇子上还有如此漂亮的女孩子，她是谁家的孩子呢？她又一次遇到了自己暗暗喜欢的那个男孩，那个男孩竟然叫住她说："不知今天晚上我能不能荣幸地请你做我圣诞舞会的舞伴？"

她心花怒放，决定用剩下的4美元再给自己买点东西。于是她又一路高兴地回到了小店。

刚一进门，她就看见了那个老绅士，老绅士微笑着对她说："孩子，我就知道你会回来的，你刚才撞到我的时候，这个头花也掉下来了，我一直在等着你来取。"

从心理学的角度来剖析这个故事，女孩身上便出现了安慰剂效应。安慰剂效应，又名伪药效应、假药效应、代设剂效应（英文为"Placebo Effect"，意为"我将安慰"），指病人虽然获得无效的治疗，但却预料或相信治疗有效，而让病患症状得到舒缓的现象。这种似是而非的现象在医学和心理学研究中都并不鲜见。由此，不少医生在对病人进行治疗时，不得不将这种安慰剂效应考虑进去。比如，医生利用安慰剂来激发病人的安慰剂效应——当患者对某种药的疗效坚信不疑时，就可以增强该药物的治疗效果，提高医疗质量。

美国牙医约翰·杜斯在其几十年行医生涯中，常常遇到这种情况：

一些牙痛患者来到他的诊所后，会释然地对他说："一来这里我的感觉就好多了。"这些患者的良好感觉可能出自如下原因：他们觉得马上会有人来处理他们的牙病了，从而情绪便放松了下来；他们像参加了宗教仪式一样，当他们接触到医生的手时，病痛便得以缓解了……实际上，患者所出现的这种现象与安慰剂效应大同小异。

关于安慰剂效应的科学性，有实验为证。实验者将被试分为四组——A组、B组、C组和D组，其中A组服用一种温和的镇痛药；B组服用色泽形状相似的假药；C组接受针灸治疗；而D组接受的是假装的针灸治疗。试验结果显示：四组人员的痛感均得以减轻，四种不同方法的镇痛效果并没有明显差异。这说明，镇痛药和针灸的效果并不见得一定比安慰剂或安慰行为更为奏效。

实际上，人类已经有相当悠久的使用安慰剂的历史。早在抗生素发明以前，医生们便常常给病人服用一些没有任何疗效的粉末，而病人在不知情的情况下却从这些粉末中看到了希望，结果，一些病人果然奇迹般地康复了，有的甚至还平安地度过了诸如鼠疫、猩红热等"鬼门关"。

观察你周围的世界，安慰剂效应可以说是屡见不鲜——一队战士在阿尔卑斯山的风雪中迷路了，凭借一张地图，他们扎营熬过了风雪，确定了自己的方位，两天后顺利回到营地。当他们讲述着这张非凡的地图的时候，人们却发现，这是一张比利牛斯山的地图；有的小孩子非常胆怯，他的父母便告诉他上天已经偷偷地赐给了他勇气和力量，结果这名胆怯的儿童积极地参与了学校的很多活动，还取得了优秀的成绩；一些从小长在城市的人到了乡村后，他们感觉乡村的泉水十分甘甜，然而他们所喝到的泉水不过是同伴所带来的普通矿泉水——种种现象表明，积极的自我暗示虽然不会改变外在的客观世界，但对人们的情绪和态度塑造却有着极为重要的积极意义。

标签效应：不要让别人的评价决定了你的未来

当一个人被一种词语名称贴上标签时，他就会作出自我印象管理，使自己的行为与所贴的标签内容相一致。这种现象是由于贴上标签后而引起的，故称为标签效应。

为什么会出现标签效应呢？主要是因为标签具有定性导向的作用，无论是好是坏，它对一个人的个性意识的自我认同都有强烈的影响作用。给一个人贴标签的结果，往往是使其向标签所喻示的方向发展。

心理学家克劳特曾做过这样一个实验：他要求一群参加实验者对慈善事业做出捐献，然后根据他们是否有捐献，分别说成是"慈善的人"和"不慈善的人"。相对应地，还有一些参加实验者则没有被下这样的结论。过了一段时间后，当再次要求这些人做捐献时，发现那些第一次捐了钱并被说成是"慈善的人"，比那些没有被下过结论的人捐钱要多，而那些第一次被说成是"不慈善的人"，比那些没有被下过结论的人捐献得要少。

上述实验充分演示了标签效应对人们的影响，现实生活中也常有这样的事例，比如一旦一个人被某个组织赋予了某个称号，他们随之的行为总是会受到这个称号的影响，使自己的行为匹配这个称号的内涵。1945年2月反法西斯战争即将取得全面胜利，在一次摄影大奖赛中，伊拉·海斯与其他战士的一张合影获了大奖，照片在美国印刷数百万张，海斯被民众视为战争英雄，由于被贴上了"英雄"的标签，从此以后，海斯总是以英雄的姿态亮相。

同样，给某一个人贴上一个正面的标签，也会促使对方在态度和行为上做出积极的反应。"二战"期间，针对一批行为不良、纪律散漫、不听指挥的新士兵，美国心理学家做了如下实验：让他们每月都向家人寄发一封信,在信中描述自己在前线如何遵守纪律、听从指挥、奋勇杀敌、立功受奖等内容。结果,半年以后,原先不可救药的士兵发生了很大的变化,他们真的像信上所说的那样去努力了。

标签效应对个人的启示是,从某种意义上说,你的人生是被"标签"出来,比如,一个人在童年时期非常喜爱跳舞,但是父母和朋友都说他不可能在舞蹈界混出名堂,天长日久,这个人渐渐地放弃了自己对于舞蹈的爱好,正如其父母和朋友所言的那样,他没有在舞蹈方面获得成功。然而,按照标签效应的逻辑来推理,可以发现,这个人之所以没有在舞蹈方面获得进展,可能并非因为他不具备跳舞的天分,而是因为父母和朋友的负面标签发挥了消极作用。因此,别人怎么看你并不重要,重要的是你如何给自己定位,你所认可的自我定位决定了你将会被时间塑造为什么样的自我。

拱道效应:为什么名校"盛产"优秀毕业生

英国心理学家德·波诺在《思维的训练》一书中提出了"拱道"的概念,他认为学校犹如一个拱道,名牌学校就会产生积极的拱道效应,即一批优秀人物走进拱道,从拱道里就会走出一批优秀毕业生。对于拱道效应,更学术化一点的解释就是——一种经过"拱道"而使人产生积极心理反应的现象。波诺认为,优秀人物在名校学习的过程中,拱道除了望着他们通过外,在塑造优秀人物方面,所起的作用非常微小。也就是说,名牌学校批量生产优秀毕业生,主要原因并不是学校为学生们提供了出色的教学内容和方式,而是由于名校为学生们设置了较高的进入门槛,加之名校的品牌效应,导致名牌学校招收的本来就是一些十分优秀的学生。这种理论确实有一定的逻辑,但也不能因此就完全抹杀名校对塑造优秀学生的作用,毕竟与普通学校相比,名牌学校还是为学生们提供了更有优势的教学资源。

能够成为名校的一员，对于学生而言，本来就是一件十分自豪的事情，于是他们在学习时便有巨大的动力，更加乐于积极地表现，以持续证明自己的优秀，在这个过程中，便发生了拱道效应。而那些沦入非名校的学生，由于对学校持有一种消极的态度，他们认为一旦自己进入这种普通学校，便难以有出头之日，于是他们对学习丧失了兴趣，只想得过且过。从某种意义上来说，一个学生到底会成为一个优秀的人物还是庸常之辈，并不取决于他就读于名牌学校还是普通学校，而是取决于他对学校的态度。一个人因步入普通学校便放弃了继续奋斗的勇气，这才是他难以优秀的最关键因素，而非他所就读的学校导致了他的失败。

因此，拱道效应启示我们，即使你与名校无缘，因为一次考试失误而进入了普通的学校，也不要悲观地认为自己的人生已经被宣判，只要你没有失去奋斗的力量和勇气，只要你为了博取精彩人生而努力不懈，你可以比那些出自名校的毕业生更有作为。

摩西奶奶效应：有志不在年高

美国艺术家摩西奶奶至暮年才发现自己有惊人的艺术天分，75岁以后开始作画，80岁举行首次女画家个人画展，轰动艺术界，美国学者称这种现象为摩西奶奶效应。

摩西奶奶（1860—1961年）原名安娜·玛丽·罗伯逊·摩西，生于纽约州格林尼治村的一个农场，27岁嫁给了弗吉尼亚州斯汤顿的一个农民。后来她重回纽约州，在离出生地不远处生活了将近20年。摩西奶奶一生共孕育了10个子女，在她绘画之前，她的双手做的都是诸如此类的琐事：擦地板、挤牛奶、装蔬菜罐头、刺绣等。直到76岁的时候，摩西奶奶因为关节炎发作而告别了家庭琐事，开始试着画画，并在当地展示自己的画作。

有一天，陈列在杂货店橱窗中的作品引起了艺术收藏家Louis J. Cal—dor的兴趣，也正是他使摩西奶奶引起画商Otto Kallir的注意，Kallir将摩西介绍到艺术界。80岁的时候，摩西奶奶在纽约举办了个人画展，引起巨大轰动，从此以后，她的作品成为艺术市场的热卖点。

1961年12月13日，摩西奶奶在纽约的胡西克瀑布逝世，终年101岁。虽然她从未接受过正规的艺术训练，但对美的热爱使她爆发了惊人的创作力，在20多年的绘画生涯中，她共创作了1 600幅作品。摩西最早的绘画是柯里夫和艾夫斯图片和明信片的临摹品。不久她根据对农场的早期生活回忆而创作，描绘了童年时期美丽的乡村景色。摩西的风景画能敏锐捕捉到季节、天气和时间的细微差别，她的作品并不仅仅是个人生活的记录和对过往的伤感怀旧，而是体现了永恒之美。

摩西奶奶效应启示人们，一个人如果不去挖掘自己的潜在能力，它就会自行泯灭。你最愿意做的那件事，才是你真正的天赋所在。

关于摩西奶奶，还有这样一段逸事：一位叫春水上行的日本人给摩西奶奶写了一封信，在信中倾吐了自己的犹豫：他很想从事写作，可是大学毕业后，自己一直在一家医院里工作，眼看着自己马上就要30岁了，他不知该不该放弃那份令人讨厌却收入稳定的职业，以便从事自己喜欢的行当。摩西奶奶的回信是这样的：做你喜欢做的事，上帝会高兴地帮你打开成功之门，哪怕你现在已经80岁了。

后来，这个踌躇的日本年轻人成了日本乃至全世界大名鼎鼎的作家渡边淳一。

桑代克试误说：为什么说"失败是成功之母"

桑代克（E.L. Thorndike）是美国著名的教育心理学家，他曾经做过很多关于动物学习的实验，其中，让饿猫逃出"问题箱"的实验对于学习的实质与机制给予了合理的解释。

桑代克将一只饿猫置于一个用木条钉成的箱子里，箱子里有一个能打开门的脚踏板，当门打开后，猫就能逃出箱子，并获得奖赏物——一条鱼。饿猫刚开始进入箱子中时，只是无目的地乱咬、乱撞，后来偶然碰上脚踏板，饿猫打开箱门，逃出箱子，并得到了食物。

第二次，桑代克再次把出逃的饿猫关在箱子中，如此重复多次，最后，猫一进入箱中就能打开箱门。

这个实验表明，猫的操作水平都是相对缓慢地、逐渐地和连续不断地改进的。由此，桑代克得出了一个非常重要的结论：猫的学习是经过多次的试误，由刺激情境与正确反应之间形成的联结所构成的。

桑代克据此认为，学习的实质就是有机体形成"刺激"（S）与"反应"（R）之间的联结。他明确地指出"学习即联结，心即是一个人的联结系统。"同时，他还认为学习的过程是一种渐进的尝试错误的过程。在这个过程中，无关的错误的反应逐渐减少，而正确的反应最终形成。根据他的这一理论，人们称他的关于学习的论述为"试误说"。

桑代克认为，动物的基本学习方式是试误学习，人类的学习方式可能要复杂一些，但本质是一致的。他从动物学习研究中，试图揭示普遍适用于动物和人类学习的规律。根据实验的结果，桑代克提出了众多的学习律，其中桑代克认为试误学习成功的条件主要有三个：练习律、准备律、效果律。

1. 练习律

指学习要经过反复的练习。

2. 准备律

这个规律包括三个组成部分：a."当一个传导单位准备好传导时，传导而不受任何干扰，就会引起满意之感。" b."当一传导单位准备好传导时，不得传导就会引起烦恼之感。" c."当一个传导单位未准备传导时，强行传导就会引起烦恼之感。"此准备，不是指学习前的知识准备或成熟方面的准备，而是指学习者在学习开始时的预备定势，简而言之，联结的增强和削弱取决于学习者的心理调节和心理准备。

3. 效果律

指"凡是在一定的情境内引起满意之感的动作，就会和那一情境发生联系，其结果当这种情境再现时，这一动作就会比以前更易于重现。反之，凡是在一定的情境内引起不适之感的动作，就会与那一情境发生分裂，其结果当这种情境再现，这一动作就会比以前更难于再现。"这也就是说当建立了联结时，导致满意后果（奖励）的联结会得到加强，而带来烦恼效果（惩罚）的行为则会被削弱或淘汰。

中国有句古话"失败是成功之母"，常被失败者作为自我鼓励之语，从桑代克试误说的观点来看，这句古语并非浅显的自我安慰之语，而是包含着深刻的心理学学问。

迁移效应：为什么很多明星都"演而优则唱"

观察整个娱乐圈，我们会发现这样一个现象：某个演员因为一部戏红了后，或者其在表演领域获得较高的成就后，便进入了演唱领域，成为真正的影视歌"三栖"明星。演员作出这样的事业规划，多与经济利益有关，但是从心理学的角度来看，"演而优则唱"也有一定的现实合理性。

在心理学领域，有一个名词叫做迁移效应，指的是先行学习对后继学习的影响，即已有知识和经验对解决新问题的影响，即通常所说的触类旁通、举一反三。比如，从棒球队员中选拔出一些成员参加高尔夫球集训，在短期内，这些学员就能取得较好的训练效果；让那些会英语的人去突击学习法语、德语或者西班牙语，与不会任何一门外语的人相比，他们更容易掌握第二外语——这是迁移效应中的"正效应"，即先行学习A促进了后继学习B的效应。当然，迁移效应也会以"负效应"的形式表现出来，如果来自日本的司机在美国开车，常会发生困难，甚至出现车祸，这主要是因为在日本的交通规则是"车左、人右"，而在美国却恰好相反。

关于出现迁移效应的原因，心理学家给予了如下解释：

（1）形式训练说。该理论认为，学习的迁移是人的心灵官能受到训练而自动发展的结果。也就是通过某种学习使某种心灵官能得到训练，从而转移到其他学习上去，使其他学习更加容易。

（2）共同要素说。其观点是，只有当两种学习具有共同要素（相同或相似之处）时，才会产生迁移效应。

（3）概括化说。这种理论认为，能否发生迁移效应，关键在于学习主体对已有知识、经验的概括。概括力高，迁移效应就大，反之，就小。

（4）学习定势说。这是苏联定势心理学派提出的一种迁移理论，该理论强调在学习中定势对迁移的影响作用。定势是关于活动方向选择方面的一种倾向，也是一种活动经验。

在演艺领域，表演与歌唱有很大的相通性，当一个成功的演员同时经营演唱事业时，多会开辟出一个新的天地，这便是迁移效应中的"正效应"发挥了效用。

心理诊所

你身上有哪些成功的潜质？

好不容易，终于盼来了休息日，这一天你准备去钓鱼，你会选择去哪里垂钓？

A.山谷小溪

B.海岸边

C.人工养鱼池

D.乘船出海

测试结果分析：

答案A：你目光远大，有详细的工作计划。

答案B：你能以比较少的投入换取较大的收获，有生意人的眼光。

答案C：你信心十足，头脑冷静而果断。

答案D：你工作起来有一股狂热劲，喜欢乘风破浪的快感。

第八章
为人处世用得到的10大积极社会心理学潜规则

【本章心理学冷知识关键词】
社会角色│斯德哥尔摩综合征│亲社会行为│场化效应│从众行为│
木桶定律│库里肖夫效应│错误归属偏差│跷跷板互惠原则│自我展示

社会角色：演好自己的角色

陈明在一家外贸公司工作。他能讲一口流利的英语，在与外商谈判中，表现一直都非常出色。相比之下，陈明的主管就显得很逊色，不仅个头比陈明矮，其学历、水准和能力也没有陈明高。

有一次，在与外商谈完业务后的宴会上，陈明得意地跟外商频频碰杯，潇洒倜傥，用英语跟外商海阔天空地聊天，把自己的主管冷落到了一旁。在跟外商告别时，陈明竟然抢在主管前面跟对方握手告别，使得主管心里很不高兴。没过几天，陈明就被调到另外一个不重要的部门。

后来，陈明才听说是这个主管向经理打了自己的小报告，说陈明太浮躁，不适合做业务员。经过朋友提醒陈明才知道自己犯了个重大错误——越位，即没有找对在职场上适合自己的角色。

在社会上，人人都扮演着一定的角色，我们所扮演的角色对我们的社会地位、责任和义务等有着规范作用。

"角色"一词最先是戏剧中的一个专有名词，指戏剧舞台上剧中人物及其行为模式。英国戏剧家莎士比亚说："全世界是一个舞台，所有的男人和女人都是演员，他们各有自己的入口与出口，一个人在一生中扮演许多角色。"

社会学家们在分析社会互动的过程中发现，社会舞台与戏剧舞台具有某些相似之处，于是把戏剧中的"角色"概念借用到社会心理学和社会学中来，产生了"社会角色"概念。社会角色是个体与其社会地位、身份相一致的行为方式及相应的心理状态。它是对特定地位的个体行为的期待，是社会群体得以形成的基础。

当我们刚出生的时候，我们是婴儿，是个受呵护的角色；

我们上学后，扮演着学生的角色，需要做的事情是学习；

当我们工作了，我们扮演着员工的角色，需要做的事情是努力工作，创造社会价值，实现自己的价值；

当我们结婚，我们扮演着爱人的角色，需要做的事情是享受爱情，呵护爱人与家庭；

当我们有了孩子，我们扮演着父母的角色，需要做的事情是培育好下一代……

每一个角色都赋予了我们特定的责任和内涵。

并不是每个人每个时候都能清楚并扮演好自己的社会角色的。比如故事中的陈明，只是一个业务员，受主管的领导，在各种场合他应该以主管为中心，凸显主管的领导地位。如果喧宾夺主、旁若无人，在公共场合"抢镜头"，就会置主管于尴尬境地，自己自然也不会有好果子吃。心理学上有一个名词叫做角色失调，并且将角色失调分为角色冲突、角色不清、角色中断以及角色失败。陈明在角色扮演过程中产生的矛盾、障碍乃至遭遇调换部门，就是因为角色失调。

很多年轻人，由于缺乏对社会的认知，缺乏对自身角色的认识，不能很好地理解人生角色的内涵，不能顺利地进行角色转换。年轻人对社会角色认识得越清晰、越全面，才能越快速、越顺利地实现角色的转换。只有我们的角色越符合社会的期望，才能越好地立足于这个社会。

一次，英国维多利亚女王与丈夫吵架，丈夫赌气回到卧室，闭门不出。女王回到卧室，见大门紧闭，只好敲门。

丈夫在里边问："谁？"

维多利亚想都没想就回答："我是女王。"

没想到里边既不开门，又无声息。女王生气了，再次敲门。

里边又问："谁？"

女王答道："我是维多利亚。"

里边还是没有动静。女王无奈，只好再次敲门。

里边再问:"谁?"

女王这次学乖了,柔声说道:"我是你的妻子。"

这一次,丈夫把门打开了。

在整个国家,女王是高高在上的一国之君;但在生活中,对她的丈夫而言,她是丈夫的妻子,和丈夫处在一个平等的地位。如果她把国君的权威带到自己的家里,恐怕无论是谁做她的丈夫都忍受不了。

如果不能在复杂的情景之间,自如地转换自己的角色,可能会陷入麻烦、尴尬的境地。有时候,角色转换是有一定困难的。

例如,在既有主管又有下属的场合中,由于无法同时做出下属和主管的角色行为,我们的言行就容易出错。再比如,我们正以一个服务人员的身份接待一个前来咨询的顾客,这时我们的部下来了,但他和这个顾客是好朋友,在这种情况下,我们难免会有些尴尬。

总之,如果我们不能在需要的时候,自如地转换自己的角色,无论在心理上还是在行动上都会感到不自在。为了使日常的人际关系更加融洽,这种能力是不可或缺的,即敏锐地观察出我们在各种情境下,应该扮演什么角色,并作出相应的角色行为。

斯德哥尔摩综合征:是个特例吗

1973年8月23日,两名罪犯试图抢劫斯德哥尔摩市内最大的一家银行。抢劫失败后,歹徒挟持了4名银行职员,在与警方僵持了130个小时之后,歹徒放弃了对峙,缴械投降了。

然而这起事件发生后几个月,这4名遭受挟持的银行职员竟然拒绝在法院指控这些抢匪,甚至还为他们筹措法律辩护的资金。这4个人一致表示他们并不痛恨歹徒。他们认为,这些抢匪不仅没有伤害他们,还照顾他们。同时,他们对警察采取敌对态度。更让人感觉不可思议的是,人质中的一名女职员竟然爱上了其中的一名劫匪，并与尚在服刑期的劫匪订了婚。

这就是著名的斯德哥尔摩综合征。心理学的有趣之处，就在于它向我们揭示了人类的一些匪夷所思的情感背后的合理意义。

在这4个人被劫持的时间里，歹徒曾经威胁要杀死他们，同时也表现出了仁慈的一面，在这一难以说清楚的复杂过程中，这4名人质抗拒警方最终营救他们的努力。这件事在西方社会引起了轩然大波，无数的心理学家都想知道，在人质和歹徒之间产生的奇特感情，到底是发生在这起斯德哥尔摩银行劫案中的一个特例，还是代表了一种普遍的心理反应。

通过无数的案例研究证明，斯德哥尔摩综合征是普遍存在的。一般来说，只要具备三个条件：首先，被害人知道，自己的生命确实是处在某种真实的威胁中，可能在一瞬间自己就会没命，能不能活下来完全取决于那个伤害自己的人；其次，这个伤害者在一定的条件下给予了受害者恩惠，比如在受害人快要渴死的时候给了他一口水。此外，受害者完全处在一个封闭和隔离的环境中，他知道自己是无路可逃的，只能听任自己被别人洗脑。于是，这些受害者会对加害他们的人产生一种心理上的依赖感。受害者的生死掌握在这些人手里，他们让自己活下来，受害人便觉得，这简直是天大的恩惠。因此，他们与歹徒共命运，把这些歹徒的命运和前途当成是自己的命运和前途，反而把前来营救他们的人当成了敌人。

很不幸的是，斯德哥尔摩综合征"传染"到中国后，却成了人们自救的心理障碍。人质落入劫持者的掌握后，对劫持者产生了更强的心理上的依赖感，然而他们的命运却十分悲惨。

1999年，中国福建省三明市发生过一起灭门惨案，一公司老总全家遇害。案破后，警方对这家人的被害唏嘘不已。案情经过是这样的：

抢匪闯进家门，宣称只要服从，将不会伤害他们。在捆绑家属时，老总的儿子与他们打了起来。女儿直叫："别打了！他们又不会伤害我们。

他们只是要点钱财。"于是儿子停止了反抗。匪徒将他与其姐姐、保姆全部捆好，正当逼迫他们交出贵重钱物时，孩子的父亲下班到家了。此时约为晚上十点。父亲一看家人被缚，冲上去以一敌三与抢匪搏斗，因其身壮力大，加之是在拼命，抢匪一时还奈何不了他。这时儿子、女儿不断在旁哀求父亲："爸爸，别打了，他们只是要我们一点财产，不会要我们命的，你这样子要把大家都害死了。"父亲听女儿这么说，遂停止了反抗，抢匪也将他捆绑起来。这时母亲进了房，吓得大叫起来，父子三人又劝她："这几位兄弟只是要我们一点财产，不会害我们的，别怕！"于是母亲也停止了叫喊。抢匪把她也捆好并把一家人的口全部塞紧，在这之前，匪徒们因紧张都忘记了这点。接下去是逼问、拷打，匪徒得到存折密码及贵重物品后便将一家人（包括保姆共五口）全部杀害。

一个警官说，这一家人至少有两次活命机会都没抓住，即如果当父亲与匪徒搏斗时全家人一起呼救——这家人所住的房子临街——获救的可能性非常大；或者他与匪徒搏斗时，挡住匪徒，大声呼叫妻子别上来，歹徒很可能要夺门而逃。可不幸的是，这家人都帮助匪徒，将自己的救助者给"俘虏"了。

也许这家人都希望以自己的诚心感动匪徒，他们可能是想，心和心可以相通，四海之内皆兄弟；或者，正如他们所说的，拿钱可以消灾。但是，这一切都无从知晓了。斯德哥尔摩综合征并不是救命的稻草。

亲社会行为：人们为什么会帮助毫无关联的人

2004年12月26日，印度洋发生特大海啸，这场突如其来的灾难给印尼、斯里兰卡、泰国、印度、马尔代夫等国造成巨大的人员伤亡和财产损失。海啸发生后，各个国家纷纷慷慨解囊，为这些受灾的国家送去了大量的物资和钱财。不长的时间，全球援助总额就达到了30亿美元。

2008年5月12日14时28分04秒,四川汶川、北川发生8级强震,伤亡惨重。灾难发生后,各方人士和机构便积极组织捐助,中国本土人民和国际人士为灾区人民提供了大量的援助。

人们为什么要帮助那些毫无关联的人呢?从社会心理学的角度来看,这便属于一种亲社会行为。亲社会行为又叫积极的社会行为,它是指人们表现出来的一些有益的行为。人们在共同的社会生活中经常会表现出类似这样的行为,比如帮助、分享、合作、安慰、捐赠、同情、关心、谦让、互助等,心理学家把这一类行为称为亲社会行为。亲社会行为是人与人之间在交往过程中维护良好关系的重要基础,对个体一生的发展意义重大。

关于亲社会行为的动机,心理学家给出了如下四个方面的解释:

利他主义:纯粹为了使他人获益,个体在做这种亲社会行为的时候并没有考虑到个人的安全和利益。

利己主义:以自我利益为中心——某些人之所以帮助他人,是为了得到回报和报酬。

集体主义:为了有利于某一特定群体——人们可能会做一些帮助性行为来改善家庭、妇女联合会、政党等的处境。

规则主义:支持道德原则——有些人做亲社会行为是因为遵循宗教或习俗的原则。

美国心理学家E·威尔逊认为,亲社会行为倾向源于动物的遗传本能,亲社会行为在动物身上有很多体现。在蜜蜂中,工蜂会用叮的办法攻击入侵者,当它叮了入侵者以后,螫针就留在入侵者身上,这样叮入侵者的工蜂就死掉了。这说明,工蜂虽然死了,但它却增加了蜂群生存的机会。威尔逊同样认为,亲社会行为也是人类本性天生的部分,在我们的生存中起着重要作用,而且是无须学习的。

从行为主义的观点来看,亲社会行为不仅使我们能够获得来自社会的、他人的和自我的奖励,而且能够避免来自社会的、他人的和自我的惩罚。这会促使人们形成积极的社会价值观,有利于自身的身心健康,并有助于人们从友谊中获取很多的快乐。

亲社会行为导致人与人之间出现了互帮互助的现象，这对于维护与促进整个人类世界的稳定与繁荣是非常有意义的。比如当一个地方遭遇自然灾害后，国际上很多国家的志愿者都奔赴那里，去帮助那些身处苦境的人，哪怕自己的利益会遭受现实的或潜在的危害。

场化效应：孟母为什么要"三迁"

对于大对数中国人而言，孟母三迁是一个耳熟能详的故事——

孟子在童年时期，父亲便早早地过世了，孟子的母亲始终守节而没有改嫁。最初，孟子和母亲住在墓地旁边，孟子就和邻居的小孩一起学着大人跪拜、哭嚎的样子，玩起办理丧事的游戏。孟子的母亲看到这一切后，决定搬离这个地方。随后，孟子的母亲带着孟子搬到了市集，一个靠近杀猪宰羊的地方。住到市集后，孟子又和邻居的小孩学起了商人做生意和屠宰猪羊。孟子母亲看到后，便决定再次搬家，因为她认为这不是一个自己的孩子成长的地方。于是，他们又搬家了。这一次，孟子的母亲搬到了学校附近。每月夏历初一这个时候，官员到文庙，行礼跪拜，礼貌相待，孟子见了都一一学习并记住。孟子的母亲非常满意，她觉得终于找到了适合儿子成长的地方。

孟子的母亲为什么要几次三番搬家呢？环境对于一个人的性格塑造和兴趣取舍果真起着非常大的作用吗？心理学中的场化效应证明孟子母亲的选择确实是明智之选。所谓的场化效应，就是由群体心理场所产生的效应——一个个体本来不具备某些个性特征，但是一旦进入某个群体后，便会被这个群体所产生的心理场所磁化，从而产生某些自身不具备的个性特征行为与情绪。比如，有的人本来对赌博并不感兴趣，但是当置身于赌场时，也会情不自禁地加入赌博人群；有的人性格比较内向，很少在公众面前表达自己的情绪，可是当参加一个气氛比较热烈的演唱会时，也会像那些疯狂的歌迷一样，与他们一起呼叫、高喊。

关于场化效应的产生原因，主要有如下解释：

一是集体意向说。它认为群体心理场能产生一致性的集体意向，这种集体意向是一种从许多人的潜意识中发展而来的。该理论认为，群体中的人，似乎都有一种大权在握的感觉，他们接受社会传染，并模仿他人行动，也易于受到催眠的暗示。

二是精神感应说。它认为同一群体的人，集中注意于同一个对象，很可能产生同样的情绪，以致共同做出出格的举动。这主要是因为他们觉得在群体中的行为比较安全，不怕受到惩处，当然，人们也往往认为群体的要求总是对的。

三是模仿说。这种理论认为，群体中的情感或行为是从一个参与者传到另一个参与者，其实质是模仿。社会学家布鲁迈是这一理论解释的提出者，他对社会传染进行研究后指出："吸引并感染了许多人，他们中有许多人本来是超然的和无动于衷的观众和旁观者。开始时，人们可能仅仅是对那一行为好奇或者有些兴趣，当他们获得那种激动的精神，也就对那一行为更加注意了，同时也就有更加介入进去的倾向。"

四是循环反应说。它认为主要是循环反应过程导致了场化效应，在这个过程中，情绪和行为在不同的个体间相互传染，导致大家趋同一致化。比如，在一次演出中，只要有一个人喝倒彩扔东西，便会导致更多的观众喝倒彩扔东西，行为从个人波及群体。

五是责任扩散说。它认为置身于群体之中，个人分摊到的行为责任很小，因此一些平时胆小、怕事、保守的人便会做一些一个人不敢做的事。

六是从众说。它认为群体会对个体产生一种压力，如果个体不按群体规范行事，便可能被群体其他人员冷落、责难、孤立，为了避免这些恶性境遇，个体便会做出与群体一致的行为举动。

从众行为：社会传统是如何形成的

很多人都有这样的经历，当进入一个陌生的场所后，如果对该场所的规则不甚了解的话，就会暗暗地模仿其他人的举动，以免自己做出超乎规则的举动，遭到他人的嘲笑。从心理学的角度来看，这便是一种从众行为。所谓的从众行为，就是对于一些自己不熟悉的情境，或者自己不确定自己的判断是否正确的场合，为了避免自己的态度和行为不合时宜，招致他人的取笑，很多人一般会倾向于跟随大多数人的观点和做法，以致所有的人都采取了同样的行为。

谢里夫·穆扎法是美国心理学家，他曾经做过一个与自主运动效应有关的实验，在实验中，他要求参与者判断一个光点的运动量，该光点出现在一个全黑的背景上，没有任何参照点，虽然它实际上是静止的，但看上去是运动的——这便是称之为自主运动效应的知觉错觉。在最初的时候，谢里夫让参与者单独作出判断，个人判断的差异很大。然而，当参与者被召集在一起，每个人都大声地说出自己的判断时，他们的判断就趋向一致。他们一致认为看到光点朝着同样的方向移动，并且移动量也相同。随后，谢里夫让参与者结束集体观看之后，独自回到同样的暗室，让他们重新判断光点是否移动，实验发现他们仍然遵从刚刚形成的群体规范。

人们之所以会从众，有时候便是受到了信息性影响。所谓的信息性影响，便是希望准确无误地了解特定情境下的正确的反应方式。就像那个古老的童话《皇帝的新装》所阐述的那样，虽然很多人都没有看到皇帝穿着的衣服，但是他们不确定其他人是否看到了皇帝的新装，如果自己说没有看到衣服，便会被视为愚蠢的人，于是每一个人都追随其他人的观点，一致赞不绝口地说皇帝的新装多么美妙绝伦。

所以，一个人越见多识广，对于自己的观点越自信，便越不容易被群体的力量所征服，从而成为一个有见解的人。

同时，在实验中还体现出这样一种现象：群体解散后，那些参与者独自回到暗室后，仍然遵从既已形成的群体规范，这正揭示了现实生活中的传统是怎么形成的。因为随后的研究发现，关于自主运动所形成的群体规范在一年后的测试中依然存在，即使最初创立规范的小组成员都离开后，最初所形成的关于自主运动的观点仍然经过几代的小组成员传递下来。通过这个实验，你便会明白那些传统规范为什么至今仍然操纵着现代人的生活了。

木桶定律：找出人生"短板"，纠正人性弱点

"人无完人"，不管多优秀的人物也会有自己的短板，作为一个领导者也好，或者作为一个普通人也好，做任何一件事情，都有自己的优势，也有自己的劣势，之所以看不到劣势，可能是他的长板太长以至被人忽略了。因此，我们要想取得成功必须找出我们人生的"短板"，短板是限制我们前进的绊脚石，如果我们及时发现自己的短板，正确对待自己的短板，克服自己的劣势，纠正我们人性的弱点，认清自己，找准位置，不断把我们的短板转化为长板，成功的必定是我们，成功的距离其实并不遥远。

一只沿口不齐的木桶，盛水的多少，不在于木桶上最长的那块木板，而在于最短的那块木板。

要想提高水桶的整体容量，不是去加长最长的那块木板，而是要下工夫依次补齐最短的木板；此外，一只木桶能够装多少水，不仅取决于每一块木板的长度，还取决于木板间的结合是否紧密。如果木板间存在缝隙，或者缝隙很大，同样无法装满水，甚至一滴水都没有。

这就是美国管理学家彼得提出的木桶效应，也可称为短板效应。说明个体的"短板"是影响整体水平的关键因素。

这就是说任何一个组织，都可能面临一个共同问题，即构成组织的各

个部分往往是优劣不齐的，而劣势部分往往决定整个组织的水平。

木桶定律作为一个形象化的比喻，应用的范围越来越广泛，不仅象征一个企业、一个团队、一个部门，也象征着某一个员工，木桶的最大容量则象征着整体的实力。

一个组织，不是单靠在某一方面的超群和突出就能立于不败之地的，而是要看整体的状况和实力；一个团体，是否具有强大的竞争力，往往取决于其是否能完善薄弱环节。劣势决定优势，劣势决定生死，这是市场竞争的法则。

在市场异常激烈的竞争中，作为一个领导者，领导一个团队、一个集体往前走时，必须要意识到利用这个原理启发自己的员工，希望他们不要做团队中最短的那块"木板"。因为决定团队战斗力强弱的不是那个能力最强的、表现最好的，而恰恰是那个能力最弱、最差的落后者，影响了整个团队的实力。因此，企业要想成为一个结实耐用的木桶，首先要想方设法提高所有木板的长度，对员工进行教育和培训，让所有的木桶都维持最高度，并把他们的力量有效地凝聚起来，充分发挥团队精神，团结合作、同心协力发挥团队的作用。只有这样才能在竞争中取胜。

木桶理论不只在企业中适用，在我们的现实生活与工作中，其实这个道理更加有意义。对于个人来说，在社会上生存依靠的是各种各样的技能，而这些技能就是我们人生的"木板"，正因为这些木板的长短不一样，这就要求我们注意自己的"短板"。人贵在有自知之明。每个人都应当在日常的工作中认真总结，沉淀积累，寻找自己的短板并努力把它转化为自己的亮点强项，不断提升自己的个人素质与工作能力。取长补短，把劣势转变成优势，只有这样才能避免因某种缺点或弱点限制自己的发展空间。

库里肖夫效应：电影是怎么拍成的

苏联电影导演列夫·库里肖夫为了弄清楚蒙太奇（注：蒙太奇就是根

据影片所要表达的内容和观众的心理顺序，将一部影片分别拍摄成许多镜头，然后再按照原定的构思组接起来）的并列作用，从某一部影片中选了演员莫兹尤辛的一个特写镜头，这个特写没有任何表情。然后，库里肖夫把这个镜头与其他影片的小片断连接成三个组合。在第一种组合中，特写后面紧接着一张桌上摆了一盘汤的镜头；第二个组合是莫兹尤辛面部的镜头与一个棺材里面躺着一个女尸的镜头紧紧相连；第三个组合是这个特写后面紧接着一个小女孩在玩着一个滑稽的玩具狗熊。库里肖夫把这三种不同的组合放映给观众看，结果看了三个组合的观众都对演员的表演大为赞赏，观看第一个组合的观众从那盘忘在桌上没喝的汤，看出了莫兹尤辛的沉思的心情；观看第二个组合的观众则看到演员沉重悲伤的表情，并且也感到非常感动；而观看第三个组合的观众却看到了演员轻松愉快的微笑，一起跟着高兴起来。因此，库里肖夫认识到造成观众情绪反应的并不是单个镜头的内容，而是几个画面的并列：单个镜头只是电影的素材，蒙太奇的创作才是电影艺术！——这便是库里肖夫效应。

　　库里肖夫效应是一个关于认知的心理效应，说明人的认知并不完全依赖于单个场景或者单个元素，而且还取决于这些场景或者元素的连接顺序。比如，有这样三个片段，一个是一张微笑的脸，一个是一张惊恐的脸，另一个是对着一个人瞄准的手枪。如果我们按照先微笑的脸、继而瞄准的手枪、最后惊恐的脸的顺序将这三个片段连接起来，人们就会认为这个人是一个懦夫；然而，如果我们把顺序变换一下，按照如下的顺序连接片段：惊恐的脸、瞄准的手枪、微笑的脸，人们则会认为这个人很英勇。

　　正是由于人的认知存在库里肖夫效应，才使得电影导演在创作时有了充分的发挥空间。我们平时所看的电影，在创作的时候，制作者并不是按照事件的发生顺序拍摄镜头的，而是导演按照剧本或影片的主题思想，分别拍成许多镜头，然后再按原定的创作构思，把这些不同的镜头有机地、艺术地组织并剪辑在一起，使之产生连贯、对比、联想、衬托、悬念等联系，从而构成一个符合逻辑的故事。

错误归属偏差：投资者为什么在天气晴朗的时候买入股票

如果现在有人告诉你，当天气晴朗的时候，投资者更易于买进股票，也许你会认为这是无稽之谈，但是投资心理学发现，这种无厘头的现象的确是事实。

传统金融学认为，人们在面对风险和不确定性时能作出理性的决策，从而使他们的财富最大化。然而心理学家通过实验证明，人们很难克服情绪的困扰，情绪在一定程度上影响了投资行为的正确性，甚至可以这么说，情感在复杂的决策制定过程中起主导作用。

在相当长的时间内，心理学家一直在记录阳光与人类决策行为的相关性。他们发现，阳光不足总是与抑郁和自杀事件联系在一起。当阳光普照的时候，人们的心情也会随之开朗起来，进而变得非常愉快，这种愉快的情绪会让人们对投资前景感到非常乐观，从而采取冒进的投资决策行为。

戴维·赫什拉佛和泰勒沙姆韦是密歇根大学的金融经济学家，他们观察了世界各大金融城市的天气情况和股票市场收益，特别将拥有股票市场的26个城市的天气与全球26个股票交易所的日收益进行了对比。他们发现，天气晴朗的日子的日收益比天气较差的日子的日收益高。两位学者进而把26个城市一年中天气晴朗和天气糟糕的日子的区别列了出来，结果表明：前者比后者的收益率竟然高出24.6%。这说明，投资者在晴天更可能买入而不是出售股票，股市本身也会受到影响。

背景感觉，或者说情绪，对金融决策会产生一定的影响，这种现象被誉为错误归属偏差。情绪弱化了人们的理性思考，人们总是不自觉地将情绪带入金融决策中。如果一个人在某一天的情绪十分好，他便很可能对投资作出乐观的预测，选择买进股票，即使事实上，这只股票的升值潜力非常小。由此我们可以得出这样一个结论：好（坏）情绪将增加（降低）投资风险资产的可能性。

理智的投资行为应该基于对基础分析和现代投资组合理论等工具的应用，如果因为心情好，便作出乐观预测，进而加大投资力度，这种做法是十分危险的。

通常来说，一只股票的价格通常是被那些乐观者所决定的，因为悲观者只是秉持观望态度，采取不作为，乐观主义者纷纷购买某只股票，自然会抬高股票的价格，使股票价格偏离了基本面。

17世纪30年代的荷兰，当时的人们疯狂地购买郁金香球种，结果使其价格攀升到了令人吃惊的程度：一个球种价值10万美元，抵得上20头公牛。后来，一名外地水手不慎把球种当成洋葱吃进了肚里，这时，人们清醒了，开始怀疑郁金香球种是否真的值那么多的钱。结果，出现了市场泡沫，引发了严重的市场恐慌。只在一周内，价值连城的球种就变得一文不值。

所以，如果你不想成为市场泡沫的买单者，便要规避情绪的因素，在采取投资行为前，千万不要盲从于感觉的驱使，而是根据实实在在的严密分析采取投资决策。

跷跷板互惠原则：投之以桃，报之以李

丹尼斯·雷根教授曾经做过这样一个实验。在这个实验中，有两个人被邀参加一次所谓的"艺术欣赏"，也就是两人一起给一些画作评分，其中一人乔是雷根教授的助手。实验在两种情况下进行。在第一种情况下，乔主动送了那个真正的实验对象一个小小的人情，在评分中间短暂的休息时间里，他出去几分钟，回来时带回了两瓶可口可乐，一瓶给实验对象，一瓶给自己，并告诉实验对象，"我问他（主持实验的人）是否可以买一

瓶可乐,他说可以,所以我给你也带了一瓶。"在另一种情况下,乔没有给实验对象任何小恩小惠,中间休息后只是两手空空地从外面进来。但在所有其他方面,乔的表现都一模一样。

稍后,当评分完毕,主持实验的人暂时离开了房间,乔要实验对象帮他一个忙。乔说自己在为一种新车卖彩票。如果他卖掉彩票的数目最多,他就会得到50块钱的奖金。乔想要实验对象以25分一张的价钱买一些彩票:"买一张算一张,但当然是越多越好了。"结果那些得过他的好处的实验对象所购买的彩票数目是另一种情况下的两倍。平均下来,在这种实验条件下,乔做了一笔很合算的生意:他的投资回报率达到了500%。

在上述实验结束后,雷根让实验者填写关于是否喜欢乔的问卷,结果发现,在未接受乔的可乐的条件下,实验对象购买彩票的数量与对乔的喜欢程度成正比。但在接受了乔的可乐的情况下,这种正相关关系完全消失了,也就是说,不管他们喜不喜欢乔,他们都觉得有责任来报答他,因此都买了较多的彩票。

由此可见,当人们接受了某人的好处后,很容易答应对方一个在没有负债心理时一定会拒绝的请求,以此来实现利益的互惠交换。人与人之间的利益互动,就如坐跷跷板一样,偶尔处于低势,偶尔处于高势,通过高势与低势的转换,个体并不会损伤自己原来的利益,反而在转换的过程中,既实现了利益所得的丰富化,也体会到了赠送与回馈之爱。

投之以桃,报之以李——如果不懂得人际互惠原则,从不将自己拥有的物品与他人分享,拥有桃子的一方很难品尝到李子的味道。

心理诊所

你能和朋友们融洽相处吗?

尽管朋友之间可以相互理解和宽容,但有时也难免会产生一些小的矛盾或摩擦。这些矛盾或摩擦产生的根源在哪里呢?赶紧自己反省一下吧。

如果今天是你的生日,你兴致勃勃地请一些同学和同事来参加你精心准备的生日宴会。新朋旧友齐聚一堂,其中有个家伙竟然穿着一身"乞丐服"出场,使你觉得浑身不自在。请问你会怎么处理这件事情呢?

A. 直接对他说:"你不觉得破坏了今天的盛会吗?"

B. 在他背后贴个标语整整他。

C. 调侃着说:"不错嘛!这身打扮很适合你。"

D. 一句话都不说,一笑而过。

E. 间接地提醒他,并说出自己的感受。

选择分析:

选择A:你的个性十分爽直,做事从不拖泥带水,也不会像一些敢怒不敢言的变色龙一样心口不一,颇具"将相本无种,男儿当自强"的气魄。可是这种性格最显著的缺点就是不给自己和别人留后路,容易得罪人。

选择B:你的方式总是很特别,而且你很容易和周围的人打成一片。这个"打"字有两种意义:第一是热烈的意思,第二是真的"打"起来。无论如何,你的开放性格,是这个社会动力的源泉,值得提倡。不过要注意场合和分寸,方式不能太过激。

选择C:你总是喜欢故作神秘状,但是任谁都知道你在讽刺他,但也只是心照不宣。幸好,你善于和颜悦色,颇有人缘。你的危险之处在于说话时流露出的恶意的讽刺,这样很容易伤人的。

选择D:你总是含蓄地不肯表达对别人的看法,让人觉得很冷。不善人际关系是你的隐忧,因为你的本质较为内向,行事太过保守,不能给他人特别的帮助。不过你的本性是非常善良的。

选择E:你始终不能和亲戚朋友以不拘小节的方式进行沟通,人际关系虽好,但不见得真实。即使是再亲密的朋友,总给人一种刻意经营的感觉,不够自然,不够真实。乍看之下,你好像是真心对待朋友,时间久了,就会让人产生疏离感。

自我展示：要摆谱，开高价

当一个人进入职场、进入商业领域，便会有一个身价，但是这种身价是无形的，身价的高低主要取决于人们的心理价位。所以在知己知彼的前提下，善于为自己开一个高价，便是最明确的自我展示，可以说是另一个摆谱的核心主题。

开高价对身价的提升效果是立竿见影的。虽然这样做有很大的风险，很可能会导致交易失败，但是相较"廉价""销售"自己，开高价还是利大于弊。如果你自降身价，很可能引发别人对你做出如下不利联想："他是不是没有实力呀？""他是不是快不行了不走红了吧？""他（她）是不是被潜规则了？"……从而也会影响交易的达成。所以，降价"销售"自己，等于是自己搬石头砸自己的脚。因为一旦你以一个较低的价位与一个合作伙伴达成了一项交易，在随后的合作中，你便很难将价码加上去。

在演艺圈，出场费是每一个艺人最看重的事情。它不仅关系到艺人收入的多少，也直接体现着该艺人在圈内的地位和形象。像姜文、张曼玉、巩俐那样的国际大牌明星，宁可不接戏，也绝不会像某些艺人那样为了混个脸熟，为了让别人知道"我还混着呢"，而自降身价，接一些艺术品位和格调较低的戏。

为了充分体现自己在行业里地位，如何开高价已经成了一门玄妙的艺术。在拍摄电影《满城尽带黄金甲》时，发哥的全权经理人发嫂就为发哥开出了种种好莱坞标准的待遇要求。比如拍摄期间要住在北京国际俱乐部，而且要开7间房，包括休息室、服装化妆间、导演讨论室、餐饮室等等；发哥每天出门就开始按时计薪，路上堵车也要算；为了让发哥上洗手间方便，要求剧组专门调来一辆豪华大房车，这辆每天开销近5 000元的车在北影棚外一守就是将近40天。事后，制片方指责发哥耍大牌，发哥则义正词严地说："每个演员在市场上有本身的身价，我去好莱坞拍戏和在亚洲地区拍戏都是用同一份合约。"

也有的演员因为讲交情，讲义气，不讲条件，被制片方称赞为有艺德，不过在听者的心中，多少会觉得他人气不是很旺，底气不是很足，如果是真正的大牌艺人，怎么会没有一个高的身价线呢。还有的艺人因为种种原因不得不接受了较低的价格，但是仍然会要求对方严格保密，或者要求对方报出一个更高的价格，以避免自己身价受损。比如，某位演员，主演了一部悬疑惊悚类型的电视剧，一集的实际演出费是5万元，20集就是100万元，但是却要求制片方对外说是150万元。

在现实中，每一个求职者、谈判者都面临着为自己开价的问题。要为自己开一个高的价格，首先要有自知之明，要对自己有一个正确的评估评价，知道自己在市场中的大概价位，懂得利用自己的优势。其次还要有一个良好的心理素质，有一个稳定的心态和坚定的个性。最后还要懂得一些摆谱的技巧。如果你开出的价格高于自身的实际价值，却使对方接受了，那就意味着你身价的提升，也就是说你获得了摆谱的溢价。

永乐电器董事长陈晓就是一个善于为自己开高价的人。当永乐处在那样的困境之时，他仍以不惜合作失败的决心，自始至终不肯让步，最终使得国美不得不以52.68亿港元的价格收购永乐。平素谈判所向无敌的国美老板黄光裕，也不得不感慨，声称自己遇到了最厉害的对手。

陈晓认为，这只是一个相对满意的价格，从生意人的角度来说，永远没有满意的价格，陈晓敢于开高价的理由是：永乐的店铺和市场占有率对国美扩展战略有重要价值以及陈晓自己的决心。

在现实中，每一个人时时刻刻都在面临着为自己开高价的问题。在开高价时，要注意以下三点。

1. 要敢于开价

如果对方没有主动提供你想要的条件，那你就要自己提出来。你不敢要，对方可能根本就没有意识到，或者认为你不值钱，反而轻视你，拿你不当回事儿，不珍惜。比如，当年冯仑要就一些地产项目咨询王石，王石就立刻远从深圳主动飞到北京，免费为冯仑提供咨询建议，结果他的意见却不受重视。事后，王石感慨地表示："因为是免费的，所以不珍惜，以后再咨询，我得先收100万元，一个月后才回答。"

2. 价高得要适度

开出什么价格，既要看自己的筹码，又要看对方的接受能力。不能脱离实际漫天要价，那样很可能会达不到成交的目的。最关键的是，你一定要有达不到自己价格宁可放弃的准备。如果承受不住这种风险，就不要开高价。

3. 摆谱千万要坚持

在开出高价后，重要的是一定要坚持住的态度。绝不能轻易妥协，作出让步。在商业谈判中，一方作出让步时必须要使得对方也作出相应的让步，否则，你将会被逼迫得后退。

第九章
最有效的调整心态掌控情绪的10大快乐心理学法则

【本章心理学冷知识关键词】

ABC理论｜证实性偏见｜共识偏见｜视网膜效应｜焦点效应｜哭泣效应｜巴克斯特效应｜黑暗效应｜打烊效应｜异性相吸法则

"ABC理论"：你为什么不快乐

ABC理论是由美国心理学家埃利斯创建的，该理论认为激发事件A（activating event的第一个英文字母）只是引发情绪和行为后果C（consequence的第一个英文字母）的间接原因，而引起C的直接原因则是个体对激发事件A的认知和评价而产生的信念B（belief的第一个英文字母），即人的消极情绪和行为障碍结果（C），不是由于某一激发事件（A）直接引发的，而是由于经受这一事件的个体对它不正确的认知和评价所产生的某种信念（B）所直接引起的。

简单地说，就是我们的情绪困扰不是来自于所发生的客观事实，而是我们对这件事情所进行的解释。我们常有这样的体验，同一件事发生在不同的人身上，所带来的情绪体验往往是截然相反的。比如，两个人都遗失了100元钱，其中的一个人愤懑不堪，认为自己倒霉透顶，不开心的情绪持续了将近一天，另一个人则做出了无所谓的样子，用"丢财免灾"的理由安慰自己，这一意外丢钱事件几乎没有为他的情绪带来任何负面影响。

所以，决定我们情绪如何的前因并不是所发生的事情，而是我们对所发生的事情给予的解释，有这样一个故事：

有位秀才第三次进京赶考，住在一个经常住的店里。考试前两天他做了三个梦，第一个梦是梦到自己在墙上种白菜；第二个梦是下雨天，他戴了斗笠还打伞；第三个梦是梦到跟心爱的表妹脱光了衣服躺在一起，但是背靠着背。

这三个梦似乎有些深意，秀才第二天就赶紧去找算命的解梦。算命的一听，连拍大腿说："你还是回家吧。你想想，高墙上种菜不是白费劲吗？戴斗笠打雨伞不是多此一举吗？跟表妹都脱光了躺在一张床上了，却背靠背，不是没戏吗？"秀才一听，心灰意冷，回店收拾包袱准备回家。

店老板非常奇怪，问："不是明天才考试吗，怎么你今天就回乡了？"秀才如此这般说了一番，店老板一听就乐了："哟，我也会解梦的。我倒觉得，你这次一定要留下来。你想想，墙上种菜不是高种吗？戴斗笠打伞不是说明你这次有备无患吗？跟你表妹脱光了背靠背躺在床上，不是说明你翻身的时候就要到了吗？"秀才一听，觉得更有道理，于是精神振奋地参加考试，居然中了个探花。

由此可见，所有的事情都是中立的，它们没有任何祸与福的象征，如果你为某一件事情标注为负面的色彩，也就等于是为自己的情绪设定了负面的定位，从而很难快乐起来。

基于ABC理论，20世纪50年代，心理学家阿尔伯特·埃利斯在美国创立了合理情绪疗法，艾利斯宣称：人的情绪不是由某一诱发性事件的本身所引起，而是由经历了这一事件的人对这一事件的解释和评价所引起的。如果你想驱除坏情绪，便要放弃那些不合理的信念。一般而言，阻挠人们遇到良好情绪的不合理信念有如下这些：

（1）人应该得到生活中所有对自己是重要的人的喜爱和赞许；

（2）有价值的人应在各方面都比别人强；

（3）任何事物都应按自己的意愿发展，否则会很糟糕；

（4）一个人应该担心随时可能发生灾祸；

（5）情绪由外界控制，自己无能为力；

（6）已经定下的事是无法改变的；

（7）一个人碰到的种种问题，总应该都有一个正确、完满的答案，如果一个人无法找到它，便是不能容忍的事；

（8）对不好的人应该给予严厉的惩罚和制裁；

（9）逃避可能、挑战与责任要比正视它们容易得多；

（10）要有一个比自己强的人做后盾才行。

证实性偏见：为什么你会觉得在某一天坏事不断

你往往会将某一天视为自己的"倒霉日"，比如早晨闹钟突然出了故障，结果导致自己没有按时起床，你匆匆忙忙地起床后，意外地发现今天正好下雨，你在马路上打车时，平时空闲的出租车消失殆尽，你等了10多分钟才终于打上了一辆出租车。当你到达公司后，发现平时只在下午才来的老板竟然已坐在了办公室里，而且还恰巧发现了你这个迟到者。于是，你便会感觉，这一天真是糟透了，简直是"屋漏偏遭连阴雨"，所有不好的事情都让自己遇到了。

然而真的有所谓的"倒霉日"吗？或许事实并不如此。在心理学中，有一种认知偏见叫做证实性偏见，认为人们总是过于关注支持自己决策的信息，即人们在主观上支持某种观点的时候，往往倾向于寻找那些能够支持原来的观点的信息，而对于那些可能推翻原来的观点的信息则忽视掉了。也就是说，人们普遍偏好能够验证假设的信息，而不是那些否定假设的信息，人们总是过于关注支持自己决策的信息。比如对于上述事例，当一个人因最初发生的一两件事情而将某一天视为自己的"倒霉日"后，便会格外关注一些"不好"的事情，通过这些"不好"的事情来证明自己厄运不断。但事实上，这一天很可能还发生了一些"好"的事情，如自己撰写的方案得到了老板的认可，一个客户打电话来说明他们愿意在合约上签字。但由于证实性偏见的存在，这些"好"的事情都被屏蔽掉了，只剩下了那些糟糕的事情——"倒霉日"的概念由此而来。

证实性偏见是普遍存在的认知偏见，比如如果一个人讨厌某一位同事，便会下意识关注这名同事负面的人格素质和行为，用以证明这位同事确实不怎么样，导致这种不喜欢的情绪逐渐升级恶化，造成人际关系对立；如果一个人赞同某个观点，便会列出很多理由来证明这个观点的正确性，对于观点不合理的一面则视而不见。

要想摆脱恶劣的情绪，便要试着从"证伪"的角度发现事实，试着去寻找那些与自己负面态度背离的事实，这样才不会庸人自扰。

共识偏见：你能知道鱼的快乐吗

庄子和惠子是好朋友，有一天他们一同在濠水的桥上游玩。庄子叹道："鯈鱼出游从容，是鱼之乐也（这些鯈鱼游得多么悠闲自在，大概这就是鱼儿的快乐吧）！"惠子反问道："子非鱼，安知鱼之乐（你不是鱼，你怎么知道鱼的快乐是什么）？"庄子说："子非我，安知我不知鱼之乐（你不是我，你怎么知道我不知道鱼儿的快乐）？"惠子说："我非子，固不知子矣；子固非鱼也，子之不知鱼之乐，全矣（我不是你，固然不知道你；你也不是鱼，你不知道鱼的快乐，也是完全可以肯定的）。"庄子接着说道："请循其本。子曰'汝安知鱼乐'云者，既已知吾知之而问我。我知之濠上也（还是让我们顺着先前的话来说。你刚才所说的'你怎么知道鱼的快乐'的话，就是已经知道了我知道鱼儿的快乐而问我，而我则是在濠水的桥上知道鱼儿快乐的）。"

虽然从辩论的角度来看，与惠子相比，庄子的说辞更胜一筹。但是从心理学的角度来说，人们确实很难真正地知道鱼的快乐，如果一个人认为自己懂得了鱼的快乐，那不过是发生了共识偏见罢了。所谓的共识偏见，简单地说，就是人们不自觉地把自己的认识强加给别人的认知倾向。比如，A非常害怕孤独，她认为一个人过日子是一件非常恐怖的事情，因此她在23岁的时候便嫁给了一个自己不喜欢的男人，B则是一个奉行独身主义的女性，她在30岁的时候事业有成，但是却孑然一人，身边没有可以依赖的伴侣。当A遇到B后，A就会觉得B非常可怜，因为她认为"女人干得好不如嫁得好"，然而B却会认为A的人生十分无趣——没有事业，没有爱情——就像行尸走肉一样。总之，A和B都是以自己的思维意识去认知对方的处境，从而对对方的真实心理和情绪现状作出了不正确的判断。

在现实生活中，我们时常会产生共识偏见误差，我们用自己意识世界的规则去解释别人的世界，以致给对方作出了类似"像笨蛋一样""十足的傻瓜""毫不理性"的负面论断。比如，一个人欣赏了这样一部电影，电影里的主人公是一个投资高手，他在赚取了亿万财产之后却千金散尽，将它们全部捐给了慈善机构，自己则隐姓埋名，在一个不知名的小村落里过着简单的生活。如果一个人在欣赏这部电影的时候，正在汲汲于声名和财富，对于身居简陋房屋的生活感到痛苦不堪，很可能他便会对主人公的行为作出如下判断：脑袋一定被驴踢了！

不可否认的是，与家人和朋友相处的时候，大多数人都希望对方的意见能与自己相同，一旦听到了与自己的判断不和谐的声音，便会抱怨理解的荡然无存，从而心情也变得恶劣起来。从心理学的角度来看，这时便出现了共识偏见，其实，世界之所以美丽便在于各种事物的各有千秋，有时候，放下偏执的自我，从对方的角度看待世界，你才能看到世界的另一种美。

视网膜效应：你是什么，你看到的便是什么

你一定有过这样的体会，当你买了一件新衣服后，如果你发现正好有人穿了与你一样的衣服时，你便会感慨怎么有这么多人买了与你一样的衣服；如果你大龄未婚，偶遇了几个同样单身的高龄人士后，你就会觉得单身未婚的人士太多了⋯⋯总之，对于那些你平时不怎么关注的东西，当你关注的时候，你会在不经意间发现一下子增加了很多。这种现象就是心理学中所说的视网膜效应，指的是当我们自己拥有一件东

西或一项特征时，我们就会比平常人更多注意到别人是否跟我们一样具备这种特征。

视网膜效应也可以解释为：你所看到的世界，正是你内心世界的外在反映。假如你觉得这个世界都是抱怨的人，也许说明你平时便喜欢抱怨，如果你觉得周围的人脾气都很糟糕，很可能意味着你是一个脾气不太好的人。美国的戴尔·卡耐基先生很久以前就提出一个论点，那就是每个人的特质中大约有80%是长处和优点，而20%左右是我们的缺点。当一个人只知道自己的缺点是什么，而不知道发掘自己的优点时，视网膜效应就会促使这个人发现他身边也有许多人拥有类似的缺点，进而使他的人际关系无法改善，生活也不会快乐。

不妨环顾一下你生活的四周，你会发现，那些常常抱怨人性本恶的人，自身便是一位品德低下、脾气很坏的人；而那些认为周围的人都十分友好的人，他们自身便是与人为善的人。由此可见，我们心里的大部分忧伤其实是我们自己制造出来的，你之所以会产生失落、悲观、空虚、无助等消极的情绪，是因为你自身便充满着负面的事物。所以关于如何改变恶性情绪的命题，最终的落脚点是你自身，如果你试着让自己变得积极起来，你所看到的便会是一个十分可爱的世界，此时，你的不良情绪也便烟消云散了。

焦点效应：其实你没有自己想象的那么重要

某一天，你换了一个新发型，改变了以往的穿衣风格，穿了一件以往从来没有穿过的蓝色裙子，当你走出家门以后，不论是在上班途中，还是进入公司的大门后，你都会感觉所有的人都在看着自己，都在对自己的外貌和穿着品头论足，这种现象便是心理学中所说的焦点效应。

焦点效应，也叫做社会焦点效应，指的是人们常常高估周围人对自己外表和行为的关注度。也就是说，人类往往会把自己视为一切的中心，并且直觉地高估别人对我们的注意程度。

关于焦点效应，心理学家季洛维奇曾经用实验验证过，在实验中，他让一名被试穿了一件画有喜剧演员头像的T恤。然后以等候参加实验为借口，让这名被试坐在其他另外五名穿普通衣服的学生中间。随后，实验者让被试作出判断，让他估计一下那五名学生有几名注意到了他的T恤。被试回答说大概50%以上的人。然而，事实上，当向那五名学生提问时，只有10%～20%的学生回答说注意到了被试的穿着。

焦点效应常会导致人们过度关注自我，过分在意自己在公众场合的表现，为一些自以为是的小尴尬而懊悔郁闷，比如，你会为参加同学聚会时不慎把饮料撒在身上而懊恼不已，你会因为在一个PARTY上摔了一跤而感到万分尴尬，你也会因为在员工会议上回答不出老板的问题而恨恨不已。其实这种负面的心理不过是庸人自扰罢了，因为事实上很多人都没有留意到你所认为的窘态。

很多时候，都是我们对自己过分关注，并以此联想到别人也会如此关注自己。其实，这不过是焦点效应在作怪罢了，总觉得自己是人们视线的焦点，自己的一举一动都受着监控，这样就会让人产生社交恐惧。社交恐惧者总是"感到"在人群中大家都在关注自己。不自觉地高估自己的社交失误和公众心理疏忽的明显度。比如，一个人不小心触动了图书馆的警铃，或者自己是宴会上唯一一个没有为主人准备礼物的客人，他可能会非常苦恼。但是研究发现，个体所受的折磨别人不太可能会注意到，还可能很快会忘记。

如果你不是演艺明星，或者某个位高权重的人物，通常来说，其实你没有自己想象的那么重要，在人群中，你所受到的关注也没有你想象的那么多。因此，你根本没有必要为自己在公共场合的失当之举而耿耿于怀，或者因为害怕他人评价而不敢尝试某件事情，因为不论你的表现是好还是坏，他人遗忘的速度总是快于你的想象，甚至转身以后，他们便不再记得你曾经做过什么。

哭泣效应：哭不一定比笑差

随着我们渐渐地长大，形形色色的压力也接踵而来，升学压力、就业压力、业绩压力、社交压力、家庭压力……当面对这些压力的时候，有一种理论是：挺住，打死也不能哭！否则便说明你在向这个世界示弱，是一种弱者的表现。然而心理学证明，当一个人遭遇极大痛苦的时候，哭不一定比笑差，适当地释放反而有助于缓解不良的情绪。

英国诗人丁尼生在一首诗中记述了一件事：一位战士战死，有人将他的尸首带到他妻子面前。妻子见后发呆，强制告诉自己不能哭。丁尼生说："她必须哭，否则她将会死去。"但始终没有办法使她哭。后来一位聪明的奶娘将她的小孩带到她的眼前，看着失去父爱的孩子，妻子情不自禁哭了出来。她对孩子说："我亲爱的孩子，我将会为你好好活着。"通过一场痛哭，妻子强压的高度心理紧张得到了缓解，使其能够坦然地面对失去至爱的伤痛。

因哭泣而产生心情舒畅、避免不幸后果的现象，在心理学中有一个专有名词，称为哭泣效应。那么，为什么哭泣会产生积极的效应呢？原因有如下两方面：

其一，通过流泪能排泄出有害于人体健康的化学物质。在通常情况下，哭泣会扰乱人的生理功能，使呼吸失去规律，造成不规律心跳。有的人哭泣后会出现睡不好觉、吃不下饭的情况。不过，当人在遭遇到严重的精神创伤时，毫无顾忌地大哭一场，反而有利于人摆脱不良情绪。1957年，美国化学家布鲁纳西首先发现，动感情的眼泪与因洋葱刺激而流的眼泪，其化学成分是不同的。美国生物学家弗雷也认为，一个人在悲痛时流出的眼泪与因伤风感冒或风沙入眼流的眼泪，所含的化学成分是不同的。他们认为，人在悲伤时流出的眼泪是有益于健康的。也就是说，人在悲伤时的哭泣等同于一个排毒的过程。

其二，哭泣有助于缓解人极度紧张的状态。大量研究证明，一个人如果处于极度紧张的状态，就会分泌出去甲肾上腺素类的荷尔蒙，这种荷尔蒙适量分泌对人体有益，但此时已大量分泌，远远超过限度，因此血压就上升，血流就不畅，从而引发高血压，同时还会产生大量的活性氧，并生成过氧化脂质这种老化物质，从而大大提高患病率，因此，有人称"精神状态紧张是万恶之源"。关于对抗精神紧张的法宝，哭泣无疑是非常有效的一个。

因此，当你遭遇痛苦的时候，与其把自己封闭在家中独自消沉，不如与一个值得信赖的朋友见一下面，趴在他的肩膀上痛痛快快地哭一场。当哭泣终结的时候，你会发现，那些悲伤抑郁的情绪已经不翼而飞了。

巴克斯特效应：植物也有喜怒哀乐

对于大多数人而言，植物只是美化环境的装饰品，它们没有任何的主观情绪。然而，一位名叫克里夫·巴克斯特的专家却发现了植物的情绪，他通过实验证明，其实植物也有喜怒哀乐。人们把他的这一伟大发现命名为巴克斯特效应。

克里夫·巴克斯特是美国中央情报局的测谎仪专家，1966年2月的一天，他像平时一样为庭院里的花草浇水。在浇水的时候，他一时心血来潮，把测谎仪的电极连到了一株天南星科植物——牛舌兰（一种热带植物，大叶，小花，与棕榈相似）的叶片上，然后向它的根部浇水。当水从根部徐徐上升时，巴克斯特发现了一件十分令人震惊的事情，测谎仪的电流计并没有像预料中那样出现电阻减小的迹象，在电流计图纸上，自动记录笔记下了一大堆锯齿形的图形，这种曲线图形与人在高兴时感情激动的曲线图形十分相似。

这一发现让巴克斯特十分兴奋，随后他改装了一台记录测量仪，把它与植物相互连接起来。为了更好地研究植物的情绪，巴克斯特准备对植物实施一次威胁活动，用火烧植物的叶子。巴克斯特取来了火柴，在他刚刚点着的一瞬间，记录仪上再次出现了明显的变化。燃烧的火柴还没有接触到植物，记录仪的指针已剧烈地摆动，甚至记录曲线都超出了记录纸的边缘，这表明植物出现了强烈的恐惧表现。后来他又重复多次类似的实验。比如，当他假装着要烧植物的叶子时，图纸上却没有这种反应。植物还具有辨别人真假意图的能力。

随后，巴克斯特和他的同事们在全国各地的其他机构用其他植物和其他测谎仪作了类似的观察和研究。他们对25种以上不同的植物和果树进行试验，其中包括莴苣、洋葱、橘、香蕉等，得到的是相同的观察结果。

巴克斯特还设计了这样一个试验：他当着植物的面，把几只活海虾丢入沸腾的开水中，当海虾被丢入沸水时，测试仪显示，植物出现了强烈的情绪刺激。试验多次，植物每次都有同样的反应。为了排除任何可能的人为干扰，保证试验绝对真实严谨，他用一种新设计的仪器，不按事先规定的时间，自动把海虾投入沸水中，并用精确到1/10秒的记录仪记下结果。巴克斯特在三间房子里各放一株植物，让它们与仪器的电极相连，然后锁上门，不允许任何人进入。

第二天，巴克斯特去看试验结果，发现每当海虾被投入沸水后的6～7秒钟后，植物的活动曲线便急剧上升。根据这些，巴克斯特指出，海虾死亡引起了植物强烈的反应，这并不是一种偶然现象。几乎可以肯定，植物之间能够有交往，而且，植物和其他生物之间也能发生交往。在美国耶鲁大学，巴克斯特曾当众将一只蜘蛛与植物置于同一屋内，当触动蜘蛛使其爬动时，仪器记录纸上出现了奇迹——早在蜘蛛开始爬行前，植物便产生了反应。显然，这表明了植物具有感知蜘蛛行动意图的超感能力。

为研究植物的记忆能力，巴克斯特将两棵植物并排置于同一屋内，让一名学生当着一株植物的面将另一株植物毁掉。然后让这名学生混在几个学生中间,都穿一样的服装,并戴上面具,向活着的那株植物走去,最后当"毁坏者"走过去时,植物在仪器记录纸上立刻留下极为强烈的信号指示,表露出了对"毁坏者"的恐惧。

巴克斯特的发现在世界上引起了轰动。美国加利福尼亚国际商业公司的化学博士麦克·弗格则认为这种研究有点荒诞可笑。他为了寻找反驳和批评的可靠证据也做了很多实验。当他做完一系列实验后,他却放弃了原来的怀疑,并改弦易辙支持巴克斯特的研究结果。因为,弗格在实验中发现,当植物被撕下一片叶子或受伤时,会产生明显的反应,而且还证明了植物具有感知人心理活动的能力。于是,麦克·弗格大胆地提出,植物具备心理活动,也就是说,植物会思考,也会体察人的各种感情。

黑暗效应:为什么暗恋者通常借助烛光晚餐示爱

在光线比较暗的场所,约会双方彼此看不清对方表情,就很容易减少戒备感而产生安全感。在这种情况下,彼此产生亲近的可能性就会远远高于光线比较亮的场所。心理学家将这种现象称之为黑暗效应。比如,在灯光昏暗的酒吧、舞厅,一些平时比较怯于与异性交谈的男子也会表现得非常大胆、幽默,蠢蠢欲动地与自己中意的女子搭讪,这就是黑暗效应最形象的表现。

关于发生黑暗效应的深层原因,社会心理学家解释说,在正常情况下,大多数人都根据对方的身份和性格特点来决定在多大程度上表白自己,对于那些还不十分了解而又愿意深入交往的人,便易于产生戒备感,担心自己由于言语不慎或态度不妥而遭到对方的反感。出于这种心理,人们便会刻意把自己好的一面尽量展示出来,把弱点和缺点隐藏起来,由于交谈的一方或双方都有所保留,这样就很难实现随心所欲的沟通。但是在灯光不明的地方,人们可以很好地掩饰自己的情感和表情,即使出现尴尬情况,也可以装作若无其事的样子,不被对方侦查出自己真实的情感反应,这便导致人们在一些黑暗的地方倾向于回归到真正的自己,甚至有勇气做一些人际冒险的事情,比如向自己暗恋已久的心上人表白示爱、与恋人进行亲密的身体接触等。也正因此,烛光晚餐成了暗恋者表白心意的最好衬托,有一点酒精、有一点暧昧、有一点大胆——这些因素都会增加示爱成功的概率,最终导致一段浪漫的爱情关系由此而渐入佳境。

打烊效应:酒吧打烊有助于增加异性的魅力指数

对于城市男女而言,深夜在酒吧流连近似于一个狩猎的游戏,他们摇动着手里的酒杯,眼睛四处搜索,寻找让自己心动的异性伴侣。有的人在酒吧尚未打烊的时候便找到了与自己一拍即合的伙伴,有的人却直到将要打烊的时候,仍然形单影只,没有找到一个让自己十分满意的"猎物"。随着酒吧关门时间的临近,对于那些可能注定要独自一人的孤身男女而言,他们便会觉得酒吧里剩余的某个异性越来越有吸引力。通常来说,酒吧里那些还没有找到对象的人对认为可选择的异性比刚来的时候更加迷人,这便是所谓的打烊效应。

打烊效应与人们喝不喝酒没有多大的关系,多是源于这样一种心理:对于那些以寻找"猎物"为目标的男女而言,眼看着酒吧马上就要关门,自己可选择的异性越来越少,而他们又不愿意忍受一个人的孤单,为了平衡内心的失落,他们便会不自觉地喜欢剩余异性中的某一个,认为对方十分有魅力。

爱情故事同样有打烊效应,比如,一个女子在她28岁的时候,生命中出现了一个执著的追求者,女子对于这个追求者不屑一顾,结果女子30岁的时候,依旧是孑然一人,没有遇到合适的结婚对象,此时女子回看曾经的追求者，便会觉得其实对方是一个不错的老公人选，只是因为当初慧眼失察，才导致自己错过了锦绣良缘。

异性相吸法则：男女搭配，干活不累

唐代安史之乱时，大将李光弼带兵与叛将史思明对阵，久战而不能打败史思明。史思明骑兵是从塞北带来的良马，这些马都是公马，身高力壮，一日千里，对阵时让唐军吃了不少苦头。史思明也视这批马为宝贝，没有战事时便让人赶这批马去河边洗浴、吃草。

进攻受挫，这让李光弼很是头疼。冥思苦想，李光弼终于想出了一条计谋。他传令城中以高价收购带有小马的母马，没几日便收到母马、小马各五百匹。

这天，李光弼见叛军又把那批良马赶到对岸河边放牧，便传令把收来的那批母马赶出城去，而把小马留在城中。母马来到城外河边，心中挂念城中的小马，不时回首嘶鸣。叫声引起了对岸叛军所养公马的注意，它们突然间都不吃不喝了，显然是看到母马之后体内雄性激素开始作怪，一匹匹仰起头来游向对岸，放牧公马的叛军拦也拦不住。

唐军赶马人见状赶紧松开缰绳，那五百匹母马挂念城中的小马，拔腿就往城中跑。叛军的公马刚过河上岸来，也开始追着那批母马往城中跑。叛军主将一听丢失了良马，立刻派遣大队人马前来拦截。不过还没等叛军打过河来，那批公马已随唐军的母马进了城，一匹匹被捉住后补充到了唐军骑兵中。

自此李光弼的骑兵战斗力大增，史思明反倒吃了不少苦头。

在这个故事中，李光弼巧施计策，没费一兵一卒便夺得了叛军千余匹良马，因为他懂得"异性相吸"的道理，即使吸引的对象是马。异性相吸在我们生活中是很常见的现象。

在现实生活中，经常听见有人调侃说："男女搭配，干活不累。"这是一种异性相吸定律的典型表现。异性效应指的是因男女共同做事而引起的对活动起积极影响的微妙作用。就像物理学中，磁场会产生同极相斥、异极相吸的作用。

这种效应的对象既非特指夫妻，也不是指如开会、问路以及办公事等普通的男女接触，而是指在工作、学习和娱乐中，为加深了解而有比较多的接触与交流的异性。这种交往是男女双方自觉自愿为了事业进步、丰富人生和愉悦感情而进行的有益活动。

在共同活动中，与异性朋友接触时较易得到精神上的愉悦，接触得多了就会成为朋友。在与异性朋友同乐的过程中，会感到一种与同性朋友在一起所没有的自豪、满足与和谐。

就情感而言，女人通常细腻温和，富有同情心；而男人则情感热烈，意志坚强。所谓"话逢知己"，异性间在交流时总是感觉具有共同语言，能借助交谈慰藉双方的心灵。这种情感交流是很微妙的，也是在同性身上无法体会到的。

当然，异性的性格、需求与自己是不同的，如果想从和异性的交往过程中得到一种满足感，那就要学会理解异性、真正地尊重异性。

两性之间另外一个较大的区别就是思维方式：男性习惯线性思维，在未解决第一个问题时，他们通常不会去关注后面别的问题，因此就比较专注，习惯循序渐进；而女性则习惯并行思维，她们喜欢将几个问题放在一起来思考，尝试去解决所有问题，可谓是齐头并进。

梅林是一家公司的公关部经理。她刚进入公司没多长时间，就为公司立下了汗马功劳，有什么问题亟待解决，梅林总是出师必胜。

有一次，公司原料奇缺，材料科的工作人员绞尽脑汁也未解决问题。而梅林外出联系，没多长时间，问题就迎刃而解。

还有一回，公司的资金周转出现了困难，急需一笔贷款，老板急得如热锅里的蚂蚁般团团转。梅林再次出面，在银行之间周旋，最后为公司争取到了上百万元的贷款。

因为工作突出，梅林备受领导器重，工资和奖金连连升级。公司同事试图了解梅林成功的秘诀，才发现其成功在很大程度上是因为她头脑清醒，思路敏捷，具有丰富的知识与阅历，待人接物有方，当然还有她端庄的容貌和娴雅的仪表。

梅林成功的原因主要在于心理学所谓的异性相吸法则。在现实生活中，大家常常可以见到类似现象，如男营业员在接待女顾客时，通常要比接待男顾客热情一些。在很大程度上，现代社会还是一个男性占很大优势的社会，所以，外出办事多数要与男性打交道，相对来说，由女性出面会使谈判过程更为顺利。

在日常生活中，人们可以通过这种异性效应来获得工作中的一些成功，本来异性相吸就是很正常的事，男女之间达成合作也相对更容易一些。

第十章
人人都要了解掌握的10大心理防御机制

【本章心理学冷知识关键词】

退回机制｜潜抑机制｜反向机制｜合理化机制｜隔离机制｜理想化机制｜投射机制｜幻想机制｜补偿机制｜升华机制

"退回"机制：为什么大人偶尔也会表现得像个小孩

夫妻相处时，女人对付男人的杀手锏常常是"一哭二闹三上吊"，每当妻子使出这种招数，丈夫往往会不战而败。从人的发展过程来看，"一哭二闹三上吊"本是儿童的伎俩，但是某些成年人也照用不误，这种现象便是心理防御机制中的"退回"。

"退回"是指个体在遭遇挫折时，表现出与其年龄所不相符的幼稚行为反应，是一种反成熟的倒退现象。比如，一个儿童本来已经养成了良好的生活习惯，但是母亲生了弟妹或者家中突遭变故时，而表现出尿床、吸吮拇指、好哭、极端依赖等婴幼儿时期的行为。

退回行为不仅仅是小孩的专利，有时也会发生在大人身上。比如，当遇到意料之外的重大事情时，有的人会无意识地喊一句"妈呀"；有的夫妻发生冲突后，妻子便负气跑回自己父母的家中，向父母哭诉自己的遭遇；一个女子被丈夫所胁迫在离婚协议书上签字，这名女子坐在地上，像四五岁的幼童般大哭大闹；一个初中生因为与同学关系恶劣，总是受到其他同学的取笑，为了逃避上学，他便用"肚子疼""喉咙痛"等借口欺骗家人……上述种种都属于"退回"的行为。

当人长大成人后，本来应该运用成人世界的法则来处理事情，但是在某些特殊情况下，适当采取一些较幼稚的行为反应，并非总是具有负面意义。比如，有的父亲趴在地上扮马扮牛给孩子骑，有的妻子向丈夫撒娇等，这种"倒退"，是以一种非常的方式来讨取他人的欢心，只要掌握在合情合理的范围内，反而会给平淡的生活增添很多情趣。不过，如果出现"退回"行为的原因是为了以较原始而幼稚的方法来解决问题，意图利用自己的退回行为来争取他人的同情和照顾，用以避免面对现实的问题与痛苦，其退回就不仅仅是一种现象，而是一种负面的心理症状了。

"潜抑"机制：痛苦也有滞后期吗

在现实生活中，当某些事情发生后，我们往往会产生一些情绪反应，一般而言，我们会做出自然而直接的表达。但是在某些特殊的情况下，我们的反应却很不寻常，基于各种原因，很可能我们无意识地压抑起了自己的真正感受。比如，张先生是一家公司的销售总监，在他拜访一个非常重要的客户之前，他接到了女朋友的电话，声称要和他分手，张先生非常注重他和女朋友之间的这段感情，然而当得知女朋友要和自己分手后，张先生的反应却非常平淡，表现得波澜不惊。20分钟后，张先生面见客户，成功地把自己和公司的产品推介给客户，为进一步的合作奠定了良好的基础。然而，当结束拜访后，张先生却不可遏止地悲痛起来，对女朋友提出分手的事感到非常心痛。

一般而言，从时间的角度来说，人的情绪反应与事实的发生是紧密衔接的，但是当得知女朋友要和自己分手的消息后，张先生并没有在第一时间作出应有的情绪反应，而是将注意力转移到要拜访的客户上，之所以会出现这种情况，便是因为张先生采取了潜抑的心理防御机制。

在弗洛伊德精神分析中，潜意识心理防御机制的一种表现，是指个体把意识中对立的或不能接受的冲动、欲望、想法、情感或痛苦经历，不知不觉地压制到潜意识中去，以至于当事人不能察觉或回忆，使其避免遭受痛苦。

"反向"机制：为什么关爱的背面是嫉妒

当个体的欲望和动机，不为自己的意识或社会所接受时，唯恐自己会表现出来，便将这些欲望和动机压抑到潜意识，并在外显行为上表现出相反的行为，这种表现就是"反向"的心理防御机制。也就是说，采用"反向"行为的个体所表现出的外在行为与他的内在动机是相反的。在韩国的肥皂剧中，经常会有这样的情节：一个女孩因为自己的朋友比自己优秀，十分嫉妒对方，但是她明知自己的这种心理不会为外界所认可，便格外地表现出非常关心朋友的样子，尤其是在公开的场合，女孩的这种关心会表现得更为强烈，这种刻意为之的表现便是一种"反向"行为。不过，这并不能说明女孩对朋友的"嫉妒"已经被"关爱"所取而代之。实际上，女孩的嫉妒心理仍然存在，只不过这种心理是带着"关爱"的面具示人罢了。

如果认真观察的话，可以发现真正的"关爱"与反向的"关爱"有着明显的区别，一般而言，反向的"关爱"总是表现得十分夸张，具有明显的表演痕迹，就像古语中"此地无银三百两"的愚人一样，欲盖弥彰，有时候反而显现得格外不真实，暴露了自己的真实心迹。

"反向"这种心理防御机制，如果恰当使用的话，可以帮助人们压抑不良动机，避免做出一些具有伤害性的举动，但是如果过度使用的话，个体不断压抑自己真实的欲望和动机，并且以相反的行为表现出来，就会活得非常辛苦、孤独，以致造成严重的心理困扰。

"合理化"机制：自欺欺人是人类的本能

一个男人背叛了自己的妻子，与其他的女子风花雪月，但是却对别人说，他之所以离开妻子，是希望妻子能遇到更好的男人，因为自己不能提供给妻子100%的幸福。这真是男人出轨的真实动机吗？大多数情况下，答案为"否"，这种说辞不过是男人为了寻求心理安慰采用了"合理化"心理防御机制罢了。

"合理化"属于自骗性心理防御机制的一种，所谓合理化，是指当个人遭受挫折或无法达到所追求的目标，以及行为表现不符合社会规范时，用有利于自己的理由来为自己辩解，将面临的窘迫处境加以文饰，以隐瞒自己的真实动机或愿望，从而为自己解脱的一种心理防卫术。合理化是人们运用得最多的一种心理防卫机制，其实质是以似是而非的理由来证明行动的正确性，从而掩饰个人的错误或失败，以保持内心的安宁。比如，哥哥抢了妹妹的糖果，当妈妈批评哥哥时，哥哥反而振振有词地说道："我是担心妹妹吃了太多的糖会牙疼。"——这便是一种以合理化行为表现出的心理防御机制。

一般而言，"合理化"可分为三种方式：

1. 运用"酸葡萄心理"

《伊索寓言》记载了这样一个故事：

一个炎热的夏日，一只狐狸经过一个果园，它停在了一大串熟透而多汁的葡萄前。狐狸正好非常口渴，所以它后退了几步，向前一冲，准备摘下诱人的葡萄，然而狐狸根本就够不到葡萄。狐狸又试了好几次，但是它始终都无法得到葡萄。最后，狐狸决定放弃了，便昂起头，边走边说："哼，我敢肯定它是酸的。"

"酸葡萄心理"便来源于上面的故事，指的是人们通过努力仍然得不到自己想要的东西后，便对其赋予消极意义，认为它们其实并不是什么有价值的东西。即人们在遇到挫折或心理压力时，便采取一种歪曲事实的消极方法以取得自己的心理平衡。

2. 运用"甜柠檬心理"

"甜柠檬心理"同样来自《伊索寓言》：

有只狐狸原本想找些可口的食物，可是怎么都找不着，只找到了一个酸柠檬，这实在是一件不得已而为之的事，但是狐狸却说："这柠檬真甜，正是我想吃的。"这种只能得到柠檬就说柠檬是甜的自我安慰现象，便是"甜柠檬心理"，指的是个体在追求预期目标而失败时，为了冲淡自己内心的不安，就百般提高已经实现的目标价值，从而达到心理平衡、心安理得的现象。

3. 推诿

此种自卫机制是指将个人的缺点或失败，推诿于其他理由，让其他客观因素成为自己的失败和不足的诱因，从而获得心理的安慰。比如，学生考试成绩差便责怪老师教得不好；员工在企业里始终没有获得晋升便埋怨上级为人不公；球员在球场上输了比赛，不说技不如人，反而指责场地不好、裁判不公。

人生在世，会与很多挫折和不如意不期而遇，除了因自己错误的行为引发的挫折外，当我们遇到难以接受的挫折时，暂时为自己寻找一个让自己安心的理由来安慰自己，以避免心灵遭受重创，这是一种非常积极的心理防御方式，正如人们常说"得意时是儒家，失意时是道家"。只要有利于自己的身心，适当地为自己找个台阶下也无可厚非。不过，如果一个人经常"合理化"自己所遇到的挫折，借各种托词以维护自尊，并不利于促使个体解决现实生活中存在的问题。很多强迫型精神官能症和幻想型精神病患者就常使用此种方法来处理其心理问题。

"隔离"机制：为什么表白用"I love you"而不是"我爱你"

在一些浪漫的场合，很多男人在向心仪的女子表白的时候，会深情款款地说出"I love you"，为什么男人都喜欢用"I love you"表达爱意呢？

在传达情意方面,"我爱你"真的不敌"I love you"的杀伤力吗?如果用心理学知识解读的话,这是因为男人不自觉启用了"隔离"这种自骗性心理防御机制。

所谓隔离,是把部分的事实或情感分割于意识之外,不让自己感觉到,以免造成精神上的不愉快。人们采用隔离的行为进行心理防御时,最常被隔离的是与事实相关的感觉部分,比如人死掉后,人们不直接说"死掉",而是委婉地说"仙逝"、"长眠"、"归天",这种说法有助于个体减轻悲伤的程度,以致降低对死亡这一事实的不祥的感觉;有人把去厕所说成"上一号",有助于消除关于去厕所的不雅想象;男人在表白的时候,弃"我爱你"而用"I love you",是为了不使自己的示爱表现得那么肉麻,即使遭到拒绝,自己也不会感到十分难堪。

"理想化"机制:男人为什么将相貌一般的女友视为美女

人们总是希望能够得到最美好的事物,享受到最理想状况下的境遇,但是现实并非总是匹配人们的理想。更常见的现象是,人们获得的事物与理想的标准相差甚远,这时,"理想化"这种心理防御机制便出现了,即个体对某些人或某些事物作了过高的评价,采用高估的态度去评价客体,结果导致个体将事实的真相扭曲和美化,以致个体的描述与评价完全脱离了现实。比如,一个男人在与朋友交谈时,一直鼓吹要追求到身材火辣的女子,当男人恋爱后,他便常在朋友面前对自己的恋人赞不绝口,称赞自己的女友有着模特一般的身材,于是,男人的朋友鼓动他把自己的女友带出来,让大家一睹芳容。一天,男人果然把女友带到了朋友面前,朋友们大失所望,因为这个据说有着火辣身材的女子不过是中人之姿,身材相貌根本就不能与模特相提并论。在这个过程中，男人就完全把自己的女友"理想化"了，使用了夸大自欺的心理防御机制。

"投射"机制：为什么有的人会"以小人之心度君子之腹"

"投射"是心理学家弗洛伊德于1894年提出的概念，指的是人们将自己内心试图压抑的特点转移到别人身上的倾向。著名的罗夏墨迹测验便利用了投射理论，瑞士精神科医生、精神病学家罗夏利用墨渍图版来测知人们的内心世界。

投射是日常生活中常见的现象，即人们把自己的性格、态度、动机或欲望，"投射"到别人身上。具体到心理防御机制领域，投射的含义更为特殊一些，指的是个体将自己的某种罪恶念头、某种恶习，反向指斥别人也有这种念头或恶习；或者把自己所不能接受的性格、特征、态度、意念和欲望转移到别人身上，指责别人这种性格的恶劣性，并且批评他人这种态度和意念的不当。这种行为能够让我们把别人视为自己的"代罪羔羊"，从而使我们逃避本该面对的责任。比如，一个男人对自己的下属有非分之想，当他某一天对下属做出不轨的行为后，反而认为是下属在故意色诱自己，自己因为经受不住下属的勾引才会一失足成千古恨。再举一个例子，一个人在朋友有难的时候，为了避免招惹麻烦便躲得远远的，对于自己的这种行为，这个人安慰自己说，如果现在有难的那一个是自己，朋友肯定跑得比自己还远，所以自己目前的行为非常正当，没有必要为此而自责。上述例子都是投射的表现，也就是人们平时所说的"以小人之心度君子之腹"，这种心理防御机制虽有助于个体远离自责和焦虑的行为，但它的负面影响远大于它的正面影响，这种行为会影响个体对事物作出正确判断，从而不易于个体客观地看待他人的动机和行为，影响人际关系的和谐。患有妄想迫害症的病人，大多数是投射机制的受害者，他们内心憎恨他人，却疑神疑鬼地认为他人要谋害自己。

"幻想"机制：为什么有的人从集中营里活着出来

当人无法处理现实生活中的困难，或是无法忍受一些情绪的困扰时，暂时先让自己离开现实，通过幻想一个世界来得到内心的平静，以致体验到现实生活中所无法为自己提供的满足的现象，便是用"幻想"表现出来的心理防御机制。在日常生活中，很多人都借助幻想来获得心灵的满足，比如，一个职员被上级羞辱后，一时感到愤愤难平，便天马行空地想象自己有朝一日成了上级的领导，也让其百般受辱，甚至将其开除出公司；一个男人的女朋友为了嫁给一个有钱人而抛弃了他，他的自尊和情感受到了极大的伤害，于是男人便幻想自己会娶一个比前女友漂亮1000倍、富有1000倍的女人为妻，从而在自己臆想的世界里自得其乐。

美国临床心理学家弗兰克尔是意义治疗法的创立者，第二次世界大战期间，他曾经在集中营里待了4年之久，他发现从集中营里活着出来的人，与他们个人的身体素质并没有多大的关系，关键是他们对未来怀有美好的憧憬，他们沉醉于幻想中的美好愿景，借以让自己忍受住目前的苦难，最终等到重见光明的一天。所以，从某种角度来看，幻想可对个体产生正面的影响，有助于他们缓解内心的压力、纾解所承受的痛苦，运用信念的力量让自己度过那些苦痛的日子。不过，任何事物都具有两面性，幻想这种心理防御机制也不例外，如果一个人过度徜徉于自己的幻想世界，却很少针对现实采取具体活动，便会导致思维出现退化，难以从容地应对现实世界出现的各种问题。

因此，人固然可以借助幻想获得信念的力量，但是也要适可而止，切不可整日沉湎于幻想之中，将幻想世界混同于现实世界，以致出现了歇斯底里与夸大妄想般的症状。

"补偿"机制：为什么相貌平庸的女子更容易获得事业成功

当个体受限于本身生理和心理上的缺陷，导致既定的目标不能实现时，便以其他的方式来弥补这些缺陷，从而降低其内心的焦虑感，重拾自己的自尊心，这种行为被称为"补偿"。"补偿"这种心理防御机制可分为三种类型，其一为消极性补偿，其二为积极性补偿，其三为过度补偿。

1. 消极性补偿

所谓的消极性补偿，是指个体所用来弥补缺陷的方法，非但没有为个体本身带来任何帮助，反而招致更大的伤害。比如，一个事业发展不顺的男人，索性放弃追求，每天都沉溺在酒精中不可自拔；一个单身的人感到生活空虚，便通过暴饮暴食来缓解心里的压力；一个男生被班里的同学所排斥，男生为了得到同学的认可，便参加了不良帮派组织，成天游手好闲；一个孩子由于被忙于工作的父母所忽略，便索性做出一些负面的行为来引起大人的注意。

2. 积极性补偿

积极性补偿是指以通过正面的途径来弥补其缺陷，从而为自己的人生带来了好的转变。比如，一个女孩相貌平庸，为了弥补这个缺陷，她便发奋学习，通过在学业上获得成就来赢得他人的重视；有的人先天身体素质较差，便加强体育锻炼，结果他的身体素质反而比普通人的还要好；前联邦德国在第二次世界大战后，成立许多慈善救济组织，特别成立了针对犹太人救济的组织，以弥补第二次世界大战时希特勒政府为世界带来的浩劫。

3. 过度补偿

所谓"过度补偿",是指个体否认其在某一方面的缺点不可克服性或者是曾经经历的失败而加倍努力,期望能予以克服,结果反而矫枉过正,正面的改进行为演变为恶劣的后果。比如一个从小县城来的女孩进入大学后,突然意识到自己非常土气,于是便试图改变自己的形象,她除了积极参加学校的社团活动外,还用业余兼职赚来的钱购买名牌服饰,结果,女孩对名牌着了魔,当自己兼职赚来的钱不足以满足她的消费水平时,便开始透支信用卡,最终欠了银行很多的钱。

"补偿"一词,最初由奥地利心理学家阿德勒所提出,他从自己的亲身经历中得出这样一个结论:每个人天生都有一些自卑感(来自小时候,自觉别人永远比自己高大强壮,所产生的自卑),而此种自卑感觉使个体产生追求卓越的需要,而为满足个人追求卓越的需求,个体乃借补偿方式来力求克服个人的缺陷。我们使用何种补偿方式来克服我们独有的自卑感,便构成我们独特的人格类型。从三种补偿方式类型来看,积极性补偿对于我们超越自卑具有明显的正面意义,另外两种补偿方式则使我们或者自欺欺人地超越了自卑,或者被自卑情结所奴役,为了获得外界的认同而失去了自己真正的人生。

"升华"机制:为什么痴迷网络游戏的少年也可以有所建树

人们常说玩物丧志,有的少年就因为痴迷网络游戏而影响了学业,以致影响了自己的前途发展。然而,还有的少年不但没有因此而丧志,反而以网络游戏为事业发展的基础,在该领域获得了较大的成功。这说明,爱好、兴趣、个人特质等没有绝对的好与坏,至于其是否能对一个人产生正面影响,关键在于个体是否采用了"升华"这种心理防御机制。

"升华"一词是弗洛伊德最早使用的,他为"升华"做了如下定义:个体将一些本能的行为如饥饿、性欲或攻击的内驱力转移到一些自己或社会所接纳的范围内。比如说,有的人天生有暴力倾向,他便借助锻炼拳击或摔跤等方式来满足这种心理,并且将其转移为对自己的正面影响力,从而取得了事业上的成功;有的人言辞刻薄,惯于批评他人,于是他选择了评论家的工作,通过合理的渠道宣泄自己的情绪。上述行为便是通过"升华"表现出的心理防御机制,升华是一种非常积极的心理防御机制,它有助于个体将负面的经历、情绪和情感转变为能够被社会所认同的行为,而且在这个过程中,个体由于获得认同感而取得心理的满足。

安娜·弗洛伊德是精神分析学派的创始人弗洛伊德的小女儿,她子承父业,同样是一位在精神分析领域颇有建树的心理学家,1936年,她出版了《自我与心理防卫机制》一书,在书中她将精神防御分为10种类型,认为相较其他9种防御机制,"升华"不论对于成人还是儿童而言,都是十分有利的。

在这个世界上,很多人由于遭受负面的内驱力的影响而不得不经受内心的煎熬,或者做出一些无益于个人和他人的行为,如果他们能将一些本能冲动或挫折中的不满怨愤转化为能够得到社会认可的行为,他们应该会快乐得多。

第十一章
掌控人生不可或缺的10大著名心理博弈论

【本章心理学冷知识关键词】
囚徒困境 | 智猪博弈 | 博傻理论 | 斗鸡博弈 | 猎鹿博弈 | 协和谬误 | 蛋糕博弈 | 信息博弈 | 零和游戏原理 | 蜈蚣博弈

出卖，还是合作——囚徒困境

1950年，数学家塔克任斯坦福大学客座教授，在给一些心理学家做讲演时，他用两个囚犯的故事，对当时专家们正研究的一类博弈论问题，做了形象的解释。从此以后，类似的博弈问题便有了一个专门名称——囚徒困境。借着这个故事和名称，囚徒困境广为人知，在哲学、伦理学、社会学、政治学、经济学乃至生物学等学科中，获得了极为广泛的应用。所谓的囚徒困境，大意是这个样子的：

甲、乙两个人一起携枪准备作案，被警察发现抓了起来。警方怀疑，这两个人可能还犯有其他重罪，但没有证据。于是分别进行审讯，为了分化瓦解对方，警方告诉他们，如果主动坦白，可以减轻处罚；如果顽抗到底，一旦同伙招供，你就要受到严惩。当然，如果两人都坦白，那么所谓"主动交代"也就不那么值钱了，在这种情况下，两人还是要受到严惩，只不过比一人顽抗到底要轻一些。在这种情形下，两个囚犯都可以做出自己的选择：或者供出他的同伙，即与警察合作，从而背叛他的同伙；或者保持沉默，也就是与他的同伙合作，而不是与警察合作。这样就会出现以下几种情况（为了更清楚地说明问题，我们给每种情况设定具体刑期）。

如果两人都不坦白，将会以非法携带枪支罪而将二人各判刑1年；

如果其中一人招供而另一人不招，坦白者作为证人将不会被起诉，另一人将会被重判15年；

如果两人都招供，则两人都会各判10年。

这两个囚犯该怎么办呢？是选择互相合作还是互相背叛？从表面上看，他们应该互相合作，保持沉默，因为这样他们俩都能得到最好的结果——只判刑1年。但他们不得不仔细考虑对方可能采取什么选择。问题就这样开始了，甲、乙两个人都十分精明，而且都只关心减少自己的刑期，并不在乎对方被判多少年（人都是有私心的嘛）。

甲会这样推理：假如乙不招，我只要一招供，马上可以获得自由，而不招却要坐牢1年，显然招比不招好；假如乙招了，我若不招，则要坐牢15年，招了只坐10年，显然还是以招认为好。无论乙招与不招，我的最佳选择都是招认。还是招了吧。

自然，乙也同样精明，也会如此推理。

于是两人都做出招供的选择，这对他们个人来说都是最佳的，即最符合他们个体理性的选择。照博弈论的说法，这是本问题的唯一平衡点。只有在这一点上，任何一人单方面改变选择，他只会得到较差的结果。而在别的点上，比如两人都拒认的场合，都有一人可以通过单方面改变选择，来减少自己的刑期。

也就是说，对方背叛，你也背叛将会更好些。这意味着，无论对方如何行动，如果你认为对方将合作，你背叛能得到更多；如果你认为对方将背叛，你背叛也能得到更多。你背叛总是好的。这是一个有些让人寒心的结论。

为什么聪明的囚犯，却无法得到最好的结果呢？两个人都招供，对两个人而言并不是集体最优的选择。无论对哪个人来说，两个人都不招供，要比两个人都招供好得多。

囚徒困境为我们探讨合作是怎样形成的这个问题提供了极为形象的解说方式，产生不良结局的原因是囚犯二人都基于自私的角度开始考虑，这最终导致合作没有产生。陷入囚徒困境的两个人，忠于协议和相互背叛哪个是更具优势的策略？面对困境，如何共同努力走出去，实现双赢？如何巧妙利用困境，解决棘手的难题？如何制造困境，降低商业的成本？在面对困境时，你应该注意哪些问题呢？

其实，囚徒困境给我们提出了两个问题，一是人的自私问题，二是对别人的信心问题。在生活中，囚徒困境可能会随时发生在我们身上，所以，一个很现实的问题就是如何走出囚徒困境。由于博弈的双方都是想取得一个令自己满意的结果，所以，首先应该要保证自己对对方充满信任是非常重要的。摒除猜疑的想法，建立起一种相互信任的气氛，可以极大地帮助人们走出困境。

1944年的圣诞夜，两个迷了路的美国大兵拖着一个受了伤的兄弟在风雪中敲响了德国西南边境亚尔丁森林中的一个小木屋的门，屋子的主人是一个善良的德国女人，轻轻地拉开了门上的插销。

家的温暖在一瞬间拥抱了三个又冷又饿的美国大兵。女主人开始有条不紊地准备着圣诞晚餐，没有丝毫的慌乱与不安，没有丝毫的警惕与敌意。因为她相信自己的直觉：他们只是战场上的敌人，而不是生活中的坏人。美国大兵们静静地坐在炉边烤火，除了燃烧的木柴偶尔发出一两声脆响外，静得几乎可以听见雪花落地的声音。

正在这时候，门又一次被敲响了。站在满心欢喜的女主人面前的，不是来送礼物和祝福的圣诞老人，而是四个同样疲惫不堪的德国士兵。女主人同样用西方人特有的方式告诉她的同胞，这里有几个特殊的客人。今夜，在这个弥漫着圣诞气息的小木屋里，要么发生一场屠杀，要么一起享用一顿可口的晚餐。在女主人的授意下，德国士兵们垂下枪口，鱼贯进入小木屋，并且顺从地把枪放在墙角。

于是，1944年的圣诞烛火见证了或许是"二战"史上最为奇特的一幕：一名德国士兵慢慢蹲下身去，开始为一名年轻的美国士兵检查腿上的伤口，尔后扭过去向自己的上司急速地诉说着什么。人性中善良温情的一面决定了他们的感觉是奇妙而美好的，没有人担心对方会把自己变成用于邀功请赏的俘虏。第二天，睡梦中醒来的士兵们在同一张地图上指点着，寻找着回到己方阵地的最佳路线，然后握手告别，沿着相反的方向，消失在白茫茫的林海雪原中。

上面这个故事中的美国士兵和德国士兵可以说是战争的死敌，但是由于受到客观条件的影响，共同陷入了困境。庆幸的是，他们和女主人一起建立了一种和谐的关系，并最终一同走出了困境，令人称奇。

试想一下，如果在这个困境中，只要有一方产生了不和谐的想法，势必会引发杀戮，结果必然是两败俱伤。所以，保持这种和谐信任的关系，是双方的明智之举，而这种关系必须依赖于相互信任的态度。

囚徒困境的核心问题在于，一方由于担心对方会出卖自己、不跟自己合作，便会为了维护自己的利益而先采取有利于自己的措施。产生这种现象的根源在于，两方当事人事先不能通气，互相不知道对方会做出什么样的选择，完全在猜测中进行决策，自然也就缺乏对对方准确的判断。那么在生活中，如果能够避开这种信息的沟通不畅，就可以很好地合作，收到意想不到的效果。

加利福尼亚州有两个互为敌手的商店——美西日用品商店和莱特廉价品商店。它们正好紧挨着，两店的老板是死敌，他们一直进行着没完没了的价格战。

"出售爱尔兰亚麻床单，甚至连有鹰一般眼睛的贝蒂·瑞珀女士都不能找出任何疵点，不信请问她；而这床单的价格又低得可笑，只需6美元50美分"。

当一个店的橱窗里出现这样的手写告示时，每位顾客都会习惯地等另一家廉价品商店的回音。

果然，大约过了两小时，另一家商店的橱窗里出现了这样的告示："瑞珀女士该配副近视眼镜了，我的床单质量一流，只需5美元95美分"。

价格大战的一天就这样开始了。除了贴告示以外，两店的老板还经常站在店外尖声对骂，经常发展到拳脚相加，最后总有一方的老板在这场价格战中停止争斗，价格不再下降，骂对方是疯子，这就意味着对方胜利了。

这时，围观的、路过的、还有附近每一个人都会拥入获胜的廉价品商店，将床单和其他物品抢购一空。在这个地区，这两个店的争吵是最激烈的，也是持续时间最长的，因此竟很有名声，住在附近的每个人都从他们的争斗中获益不少，买到了各式各样的精美商品。

突然有一天，一个店的老板死了，几天以后，另一个店的老板声称要去外地采货，这两家商店都停业了。过了几个星期，两个商店分别来了新老板。他们各自对两个商店前任老板的财产进行了详细的调查。一天检查时，他们发现两店之间有条秘密通道，并且在两商店的楼上两老板住过的套房里发现了一扇连接两套房子的门。新老板很奇怪，后来多方了解才知道，这两个死对头竟是兄弟俩。

原来，所有的诅咒、谩骂、威胁以及一切相互间的人身攻击全是在演戏，每场价格战都是装出来的，不管谁战胜谁，最后还是把另一位的一切库存商品与自己的一起卖给顾客。真是绝妙的骗局。

在现实生活中，只要摒除了囚徒困境中不通信息的弊端，就可以在知情的情况下做出有利于两方的选择，这也就是所谓的"串谋"。

综合来看，囚徒困境给我们的启示有如下几点。

如果你能够在做出决策之前与相关方取得最直接的联系，那么一定要选择双赢的策略，这才是长期合作的战略家眼光。

即便是在不知情的情况下，也要相信你的朋友和战友，只有信任才能让同一利益战线上的人不被击垮。

人的本质是自私和自利的，如果你能够很好地利用这一点，便可以变不利为有利，让自己走出困境。

囚徒困境是对生活的简单抽象，不管如何，你一定要做一个掌握主动权的强悍的"囚徒"，让自己成为事情的主宰者，这样才不会被对手出卖。

搭个便车最省力——智猪博弈

"搭便车"是经济学中很常见的名词，它的意思就是不付成本而坐享他人之利。所谓不费力气就能有所收获，这样的便宜事谁不想要呢？博弈论中有个著名的模型叫智猪博弈,能够帮助我们理解搭便车行为,这个模型的主角便是我们熟悉的猪。

假设猪圈里有一头大猪、一头小猪。猪圈的一头有猪食槽,另一头安装着控制猪食供应的按钮,按一下按钮会有一定单位的猪食进槽,两头猪隔得很远。假设两头猪都是理性的猪,也就是说,它们都有着认识和实现自身利益的猪。再假设猪每次按动按钮都会有10个单位的饲料进入猪槽,但是并不是白白得到饲料的,猪按按钮以及跑到食槽需要付出的劳动会消耗相当于2个单位饲料的能量。此外,当一头猪按了按钮之后再跑回食槽的时候,它吃到的东西比另一头猪要少。也就是说,按按钮的猪不但要消耗2单位饲料的能量,还比等待的那个猪吃得少。

再来看具体的情况,如果大猪去按按钮,小猪等待,大猪能吃到6份饲料,小猪4份,那么大猪消耗掉2份,最后大猪和小猪的收益为4∶4;如果小猪去按按钮,大猪等待,则大猪能吃到9份饲料,小猪1份,而小猪消耗掉2份,最后大猪和小猪的收益为9∶-1;若两头猪同时跑向按钮,那么大猪可以吃到7份饲料,而小猪可以吃到3份饲料,最后大猪和小猪收益为5∶1;最后一种情况就是两头猪都不动,那么它们当然也都吃不到东西,两头猪的收益就为0。

这些文字的表达比较繁杂,我们用以下的表格来表示。数字表示不同选择下每头猪能吃到的饲料减去消耗量后的纯收益量。

智猪博弈的收益表

大猪/小猪	按按钮	等待
按按钮	5/1	4/4
等待	9/−1	0/0

从这个表格中我们可以看到一个均衡点,那就是大猪按按钮,小猪等待的策略,这个时候,大猪和小猪的净收益都是4个单位的饲料。

而且我们还可以看到的一个奇怪现象就是,如果小猪主动劳动,那么小猪的收益居然是−1,对于小猪来说,这比都躺在那儿不动还要吃亏,小猪当然是不会干的。也就是说,如果是小猪按动按钮,则大猪会在小猪到达食槽前把食物全部吃光,如果是大猪按动按钮,则大猪到达食槽时只能和小猪抢食剩下的一些残羹冷炙。既然小猪劳动不得食,则小猪不会主动按钮,而大猪为了生存,尽管只能吃到一部分,还是会选择劳动(按钮)。那么,在两头猪都有智慧的前提下,最终结果是小猪选择等待,只要搭顺风车就可以了。

对于大猪来说,既然小猪有了这个选择,那么大猪就只有两种结果了,要么也不动,那么两头猪就只能等死了,如果自己去按按钮还有4份饲料可以吃。所以,对大猪来说,等待是一种劣势的策略。我们已经说过了,假设了大猪和小猪都是理性的智猪,那么当大猪知道小猪不会主动去按按钮的时候,它亲自去动手总比不动要强,因此它会为了自己的利益而主动地奔走于踏板和食槽之间。

结论就是,不管大猪采取什么样的策略,对于小猪来说劳动都是一个劣势策略,因此最开始就可以除掉这种可能。在剔除了小猪按按钮这种方案以后,大猪就只有两种方按可供选择。在这两种策略里面,等待是一种绝对劣势的策略,所以也被剔除掉。在剩下的策略里面就只剩下小猪等待、大猪按按钮这个可以供选择的策略了,这就是智猪博弈的最后均衡。

智猪博弈给我们的启示就是:生活中有些事情其实用不着自己费力,不妨找机会搭个便车,又省力又有实惠,这样的美事谁不希望呢?历史上有名的草船借箭的故事,其实讲的就是如何搭便车、吃免费午餐的诀窍。

周瑜看到诸葛亮挺有才干,心里很妒忌。有一天,周瑜请诸葛亮商议军事,说:"我们就要跟曹军交战。水上交战,用什么兵器最好?"诸葛亮说:"用弓箭最好。"周瑜说:"对,先生跟我想的一样。现在军中缺箭,想请先生负责赶造十万支。这是公事,希望先生不要推却。"诸葛亮说:"都督委托,当然照办。不知道这十万支箭什么时候用?"周瑜问:"十天造得好吗?"诸葛亮说:"既然就要交战,十天造好,必然误了大事。"周瑜问："先生预计几天可以造好？"诸葛亮说："只要三天。"周瑜说："军情紧急，可不能开玩笑。"诸葛亮说："怎么敢跟都督开玩笑。我愿意立下军令状，三天造不好，甘受惩罚。"周瑜很高兴，叫诸葛亮当面立下军令状，又摆了酒席招待他。诸葛亮说："今天来不及了。从明天起，到第三天，请派五百个军士到江边来搬箭。"诸葛亮喝了几杯酒就走了。

鲁肃对周瑜说："十万支箭，三天怎么造得好呢？诸葛亮说的是假话吧？"周瑜说："是他自己说的，我可没逼他。我得吩咐军匠们，叫他们故意迟延造箭用的材料，不给他准备齐全。到时候造不成，定他的罪，他就没话可说了。你去探听探听，看他怎么打算，回来报告我。"

鲁肃见了诸葛亮。诸葛亮说："三天之内要造十万支箭，得请你帮帮我的忙。"鲁肃说："都是你自找的麻烦，我怎么帮得了你的忙？"诸葛亮说："你借给我二十条船，每条船上要三十名军士。船用青布幔子遮起来，还要一千多个草把子，排在船的两边。我自有妙用。第三天管保有十万支箭。不过不能让都督知道。他要是知道了，我的计划就完了。"

鲁肃答应了。他不知道诸葛亮借了船有什么用，回来报告周瑜，果然不提借船的事，只说诸葛亮不用竹子、翎毛、胶漆这些材料。周瑜疑惑起来，说："到了第三天，看他怎么办！"

鲁肃私自拨了二十条快船，每条船上配三十名军士，照诸葛亮说的，布置好青布幔子和草把子，等诸葛亮调度。第一天，不见诸葛亮有什么动静；第二天，仍然不见诸葛亮有什么动静；直到第三天四更时候，诸葛亮秘密地把鲁肃请到船里。鲁肃问他："你叫我来做什么？"诸葛亮说："请你一起去取箭。"鲁肃问："哪里去取？"诸葛亮说："不用问，去了就知道。"诸葛亮吩咐把二十条船用绳索连接起来，朝北岸开去。

这时候大雾漫天，江上连面对面都看不清。天还没亮，船已经靠近曹军的水寨。诸葛亮下令把船尾朝东，一字儿摆开，又叫船上的军士一边擂鼓，一边大声呐喊。鲁肃吃惊地说："如果曹兵出来怎么办？"诸葛亮笑着说:"雾这么大,曹操一定不敢派兵出来。我们只管饮酒取乐,天亮了就回去。"

曹操听到鼓声和呐喊声,就下令说:"江上雾很大,敌人忽然来攻,我们探不清虚实,不要轻易出动。只叫弓弩手朝他们射箭,不让他们近前。"他派人去旱寨调来六千名弓弩手,到江边支援水军。一万多名弓弩手一齐朝江中放箭,箭好像下雨一样。诸葛亮又下令把船掉过来,船头朝东,船尾朝西,仍旧擂鼓呐喊,逼近曹军水寨去受箭。

天渐渐亮了,雾还没有散。这时候,船两边的草把子上都插满了箭。诸葛亮吩咐军士们齐声高喊:"谢谢曹丞相的箭!"接着叫二十条船驶回南岸。曹操知道上了当,可是这边的船顺风顺水,已经飞一样地驶出二十多里,要追也来不及了。

二十条船靠岸的时候,周瑜派来的五百个军士正好来到江边搬箭。每条船大约有五六千支箭,二十条船总共有十万多支。鲁肃见了周瑜,告诉他借箭的经过。周瑜长叹一声,说:"诸葛亮神机妙算,我真比不上他!"

诸葛亮真是一只贪心的"小猪",让大猪即曹军白费力气却毫无收获,一半的箭沉入了江水,一半的箭白白送给了东吴,而东吴丝毫没有费力气便得了一个大便宜,无异于天上掉下大馅饼,还有比这更好的顺风车吗!他们做"小猪"还真是有智谋、有胃口。

生活中的也还有很多这样的例子,比如我们所熟知的名人效应,其实都是搭便车的"小猪",在借"大猪"的力量为自己谋取收益。

TCL为了打造"国产手机第一品牌"的国际化形象,斥巨资1 000万元聘请"韩国第一美女"金喜善代言,并力邀国际级导演张艺谋担纲广告片的拍摄。金喜善美丽、高贵、大方,符合产品本身的特质,同时她的国际化背景和对中国年轻时尚群体的巨大感召力也是TCL品牌可以搭便车的重要因素。在金喜善出演的TCL手机品牌形象的广告中没有一句台词,金喜善只是利用自己的肢体语言和表情表达出她对TCL手机的喜爱和信赖。这部广告片在中央电视台的黄金时段进行了投放,取得了很好的传播效果,TCL手机"中国手机新形象"的传播语传遍全国。应该说,邀请金喜善的策略对于迅速打响TCL手机品牌而言是正确而有效的。

还有许多企业,看到市场上的龙头企业推出了新的产品而风靡一时,便立刻模仿跟进,也是一种搭便车的小猪策略,让大猪花费前期的研究开发、市场推广等费用,等市场前景明朗了,自己再跟进就有稳定的收益了。

综合来看,智猪博弈给我们的启示有如下几点。

不妨搭个便车,省点力气,吃点免费的午餐,以便达到事半功倍的效果。

在自己是"小猪"的时候,要找准值得跟随的"大猪",这样才能借力发展自己。

如果你是大猪,不要将事情做绝,要给小猪们留点口粮,这样才会有对彼此都是最好的结果。

对于小猪来说,既然如果不仔细思考就开始劳动却得不到任何的好处,那么,有时候慢一点反倒是好的。

不管你是大猪还是小猪,你的周围总会充满了各种各样的大猪、小猪,心里盘算着如何让自己获取最大的收益。开动脑筋,让自己更聪明一点,事半功倍地达到想要的结果!

别做最大的笨蛋——博傻理论

著名的经济学家凯恩斯为了能够专注地从事学术研究,免受金钱的困扰,曾出外讲课以赚取课时费,但课时费的收入毕竟是有限的。于是他在1919年8月,借了几千英镑去做远期外汇这种投机生意。

仅仅4个月的时间,凯恩斯净赚1万多英镑,这相当于他讲课10年的收入。但3个月之后,凯恩斯把赚到的利润和借来的本金输了个精光。7个月后，凯恩斯涉足棉花期货交易，又大获成功。

凯恩斯把期货品种几乎做了个遍，而且还涉足于股票。到1937年他因病而"金盆洗手"的时候，已经积攒起一生都享用不完的巨额财富。

与一般赌徒不同，作为经济学家的凯恩斯在这场投机的生意中除了赚取可观的利润之外，最大也是最有益的收获是发现了"笨蛋理论"，也有人将其称为"博傻理论"。凯恩斯曾举过这样一个例子来说明这一理论：

从100张照片中选出你认为最漂亮的脸，选中的有奖。但确定哪一张脸是最漂亮的脸是要由大家投票来决定的。

试想，如果是你，你会怎样投票呢？此时，因为有大家的参与，所以你的正确策略并不是选自己认为的最漂亮的那张脸，而是猜多数人会选谁就投谁一票，哪怕丑得不堪入目。在这里，你的行为是建立在对大众心理猜测的基础之上的而并非是你的真实想法。

凯恩斯说，专业投资大约可以比做报纸举办的比赛，这些比赛由读者从100张照片中选出6张最漂亮的面孔，谁的答案最接近全体读者作为一个整体得出的平均答案，谁就能获奖；因此，每个参加者必须挑选并非他自己认为最漂亮的面孔，而是他认为最能吸引其他参加者注意力的面孔，这些其他参加者也正以同样的方式考虑这个问题。现在要选的不是根据个人最佳判断确定的真正最漂亮的面孔，甚至也不是一般人的意见所认为的真正最漂亮的面孔。我们必须做出第三种选择，即运用我们的智慧预计一般人的意见，认为一般人的意见应该是什么……这与谁是最漂亮的女人无关，你关心的是怎样预测其他人认为谁最漂亮，又或是其他人认为其他人认为谁最漂亮……

在报纸的选美比赛中，读者必须同时设身处地地从其他读者的角度思考，这时，他们与其按绝对标准选择一个漂亮的女子，不如说某个选美的女子比其他女子漂亮很多倍，这样它就可以成为一个万众瞩目的焦点。不过，读者的工作就没那么简单。假定这100个决赛选手简直不相上下，最大的区别莫过于头发的颜色。在这100个人当中，只一个红头发的姑娘。

你会不会挑选这位红头发的姑娘？

人们都会跟随别人的选择、猜测别人的选择，进而依据这些信息来做出自己的判断，而不是依据自己的理性推断。这就是博傻理论产生的根源，敢于博傻的人，都是在利用人们内心中存在的从众心理，找到更大的笨蛋，那么你就是胜者。

最简单的例子莫过于股票市场，股指越高的时候，人们越敢进入，也是这个道理。人们之所以完全不管某个东西的真实价值，而愿意花高价购买，是因为他们预期有一个"更大的笨蛋"，会花更高的价格，从他们那儿把它买走。比如说，你不知道某个股票的真实价值，但为什么你会花20元钱去买一股呢？因为你预期当你抛出时会有人花更高的价钱来买它。

博傻理论所要揭示的就是投机行为背后的动机，投机行为的关键是判断"有没有比自己更大的笨蛋"，只要自己不是最大的笨蛋，那么自己就一定是赢家，只是赢多赢少的问题。如果再也没有一个愿意出更高价格的更大的笨蛋来做你的"下家"，那么你就成了最大的笨蛋。可以这样说，任何一个投机者信奉的无非是"最大的笨蛋"理论。

这一理论的直接恶果，就是促成了投机的氛围，使得人们偏离理性的行为决策范畴，成为跟风、投机的大笨蛋，最终都损失惨重。人们绝对难以想到世界经济发展史上第一起重大投机狂潮，是由一种小小的植物引发的。这一投机事件是因荷兰由一个强盛的殖民帝国走向衰落而被载入史册的，它也是迄今为止证券交易中极为罕见的一例。经济学上的特有名词"郁金香现象"便由此而出！

郁金香是一种百合科多年生草本植物，原产于小亚细亚，在当地极为普通。一般仅长出三四枚粉白色的广披针形叶子，根部长有鳞状球茎。每逢初春乍暖还寒时，郁金香就含苞待放，花开呈杯状，非常漂亮。郁金香品种很多，其中黑色花很少见，也最珍贵。郁金香的花瓣上，多有条纹或斑点，容易受病毒的侵袭。

17世纪的荷兰社会是培育投机者的温床。人们的赌博和投机欲望是如此强烈，美丽迷人而又稀有的郁金香难免不成为他们猎取的对象，机敏的投机商开始大量囤积郁金香球茎以待价格上涨。在舆论的鼓吹之下，人们对郁金香的倾慕之情愈来愈浓，最后对其表现出一种病态的倾慕与热忱，以致拥有和种植这种花卉逐渐成为享有极高声誉的象征。人们开始竞相效仿疯狂地抢购郁金香球茎。起初，球茎商人只是大量囤积以期价格上涨抛出，随着投机行为的发展，一大批投机者趁机大炒郁金香。一时间，郁金香迅速膨胀为虚幻的价值符号，令千万人为之疯狂。

郁金香在培植过程中常受到一种花叶病的非致命病毒的侵袭。病毒使郁金香花瓣产生了一些色彩对比非常鲜明的彩色条或"火焰"，荷兰人极其珍视这些被称之为"稀奇古怪"的受感染的球茎。

花叶病促使人们更疯狂地投机。不久，公众一致的鉴别标准就成为："一个球茎越古怪其价格就越高！"郁金香球茎的价格开始猛涨，价格越高，购买者越多。欧洲各国的投机商纷纷拥集荷兰，加入了这一投机狂潮。

1636年，以往表面上看起来不值一钱的郁金香，竟然达到了与一辆马车、几匹马等值的地步。就连长在地里肉眼看不见的球茎都几经转手交易。

1637年，一种叫Switser的郁金香球茎价格在一个月里上涨了485%！一年时间里，郁金香总涨幅高达5 900%！

所有的投机狂热行为有着一样的规律，价格的上扬促使众多的投机者介入，长时间的居高不下又促使众多的投机者谨慎从事。此时，任何风吹草动都有可能导致整个市场的崩溃。一时间，郁金香成了烫手山芋，无人再敢接手。郁金香球茎的价格宛如断崖上滑落的枯枝，一泻千里，暴跌不止。荷兰政府发出声明，认为郁金香球茎价格无理由下跌，让市民停止抛售，并试图以合同价格的10%来了结所有的合同，但这些努力毫无用处。一星期后，一根郁金香几乎一文不值，其售价不过是一只普通洋葱的售价。千万人为之悲泣。一夜之间多少人成了不名分文的穷光蛋，富有的商人变成了乞丐，一些大贵族也陷入无法挽回的破产境地。

暴涨必有暴跌，客观经济规律的作用是任何人都无法阻挡的。下跌狂潮刚过，市民们怨声载道，极力搜寻替罪羊，却极力回避全国上下群体无理智的投机这一事实。他们把原因归结为那个倒霉的水手，或把原因归结为政府调控手段不力，恳请政府将球茎的价格恢复到暴跌以前的水平，但这显然是自欺欺人。

人们紧接着把求援之手伸向法院。恐慌之中，那些原已签订合同要以高价购买的商人全部拒绝履行承诺，只有法律才能督促他们依照合同办事。然而，法律除了能干预某些具体的经济行为外，它是绝不能凌驾于经济规律之上的。法官无可奈何地声称，郁金香投机狂潮实为一次全国性的赌博活动，其行为不受法律保护。

人们彻底绝望了！从前那些因一夜乍富喜极而泣之人，而如今又在为乍然降临的一贫如洗仰天悲哭了。宛如一场噩梦，醒来之时，用手拼命掐自己的脸蛋才发觉现实就在梦中。身心疲乏的荷兰人每天用呆滞的目光盯着手里郁金香球茎，反省着梦里的一切⋯⋯

世界投机狂潮的始作俑者为自己的狂热而付出的代价实在太大了，荷兰经济的繁荣仅昙花一现，从此走衰落。郁金香球茎大恐慌给荷兰造成了严重的影响，使之陷入了长期的经济大萧条。17世纪后半期，荷兰在欧洲的地位受到英国强有力的挑战，欧洲繁荣的中心随即移向英吉利海峡彼岸。郁金香依然是郁金香，荷兰却从此从世界头号帝国的宝座上跌落下来，从此一蹶不振。"郁金香现象"也成了经济活动特别是股票市场上投机造成股价暴涨暴跌的代名词，永远载入世界经济发展的史册。

不是人人都能够保持理性思考的习惯，在诱人的利益面前，谁都心动，明知道泡沫是支持不住的，但仍存在侥幸心理，希望自己不是最大的笨蛋就好。可是现实永远无情，总会有人成为最后的笨蛋。1720年，英国股票投机狂潮中就有这样一个插曲：一个无名氏创建了一家莫须有的公司。自始至终无人知道这是一家什么公司，但认购时近千名投资者争先恐后把大门挤倒。没有多少人相信他真正获利丰厚，而是预期有更大的笨蛋会出现，价格会上涨，自己能赚钱。饶有意味的是，牛顿参与了这场投机，并且最终成了最大的笨蛋。他因此感叹："我能计算出天体运行，但人们的疯狂实在难以估计。"

连举世闻名的天才都成了笨蛋，何况你我呢？博傻理论给我们的启示在于：

没有人比你更傻，如果你存在侥幸心理，那么最笨的就是你！

任何事情显现出泡沫化的倾向时，一定要尽早离开，否则将损失惨重！

只要自己不是最大的笨蛋，那么自己就一定是赢家，只是赢多赢少的问题。如果再没有一个愿意出更高价格的更大笨蛋来做你的"下家"，那么你就成为最大的笨蛋了！

狭路相逢勇者胜——斗鸡博弈

我们都知道"狭路相逢勇者胜"的古语，事实上，不管是不是勇者，只要身处这种针锋相对的情况，就应该好好研究一下斗鸡博弈的理论，这对于不费力气地击败对手很有借鉴意义。

在斗鸡场上有两只好战的公鸡发生遭遇战，公鸡有两个行动选择：一是退下来，一是进攻。

如果一方退下来，而对方没有退下来，对方获得胜利，这只公鸡则很丢面子；如果对方也退下来双方则打个平手；如果自己没退下来，而对方退下来，自己则胜利，对方则失败；如果两只公鸡都前进，那么则两败俱伤。因此，对每只公鸡来说，最好的结果是，对方退下来，而自己不退。

从量化的角度来看，不妨假设两只公鸡如果均选择"前进"，结果是两败俱伤，两者的收益是—2个单位，也就是损失为2个单位；如果一方"前进"，另外一方"后退"，前进的公鸡获得1个单位的收益，赢得了面子，而后退的公鸡获得 −1 的收益或损失1个单位，输掉了面子，但没有两者均"前进"受到的损失大；两者均"后退"，两者均输掉了面子获得−1的收益或1个单位的损失。当然这些数字只是相对的值。

如果博弈有唯一的均衡点，那么这个博弈是可预测的，即这个均衡点就是一事先知道的唯一的博弈结果。但是如果一个博弈有两个或两个以上的均衡点，则无法预测出一个结果来。斗鸡博弈则有两个均衡：一方进另一方退。因此，我们无法预测斗鸡博弈的结果，即不能知道谁进谁退，谁输谁赢。

由此看来，斗鸡博弈描述的是两个强者在对抗冲突的时候，如何能让自己占据优势，力争得到最大收益，确保损失最小。斗鸡博弈中的参与者都是处于势均力敌、剑拔弩张的紧张局势。这就像武侠小说中描写的一样，两个武林顶尖高手在华山之巅比拼内力，斗得难分难解，一旦一方稍有分心，内力衰竭，就要被对方一举击溃。

斗鸡博弈最直接的意义在于揭示了这样一个道理，既然对每只公鸡来说，最好的结果是对方退下来而自己不退，那么如何才能够达到这种不战而屈人之兵的效果呢？不战不是不采取措施，而是说应该巧妙地营造声势，让对手处于不利的地位，那么自然你就是胜者。在生活和工作中，难免会出现你争我夺的情况，这个时候就体现出斗鸡博弈的影响了。谁能够在你进我退之中占领上风，谁就会取得最终的胜利，成为那只获胜的斗鸡。

1980年，美国总统竞选的决战是在共和党候选人里根与民主党候选人卡特之间进行的，由于二人当时旗鼓相当，因此他们展开了美国总统竞选史上最激烈的争夺战。

当时的卡特是已经当政4年的在职总统，但政绩并不突出，而且在内政方面不能令人满意，国内通货膨胀加剧，失业人数猛增。人们对这些有关国计民生的问题十分不满，怨声载道。而这些正好成了里根手中的王牌，他集中火力攻击卡特经济政策失误，并耸人听闻地宣称他要消除"卡特大萧条"。而这时的卡特也抓住广大民众关心的战争与和平问题，指责里根增加防务开支的主张是好战之举。里根与卡特就是这样唇枪舌剑，拳来脚往，双方一时难决雌雄。

20世纪80年代的美国，广播、电视、报纸等大众传播媒介对人们的影响极为广泛。一个人的形象，在美国民众的心中往往占有重要位置，有时甚至直接决定着选民投谁一票。所以，总统选举，与其说是选民在选择候选人的政策纲领，不如说是在品味候选人的性格、智慧、精力、风度。在这方面，里根可以说是占据了得天独厚的优势。

在里根当选共和党总统候选人之后，他当年在好莱坞演过的电影，一下子成了热门，全国各地影剧院、电视台争相放映。这股里根影视热风，无疑替里根做了一次绝好的宣传。人们从影视中看到，当年的里根英俊潇洒、精明强干，而现在仍然生机勃勃、干劲十足、风度不减当年。这给人们留下了一个很好的印象。

在里根影视风兴起的同时，里根还借电视媒体极力展示自己的风采。在与卡特的电视辩论中，里根表现得能言善辩、妙语连珠，而卡特则相形见绌、呆板迟钝、结结巴巴。因此在投票之前关键性的一场电视辩论后，民意测验的结果，支持里根的人上升到67%，支持卡特的人下降到30%。1980年11月4日大选结果公布，里根以绝对优势大获全胜。

里根的胜利，要归功于在他巧妙地利用了大众传播媒介，通过电影、电视、广播等手段，让自己的形象深入民众。在这场斗鸡博弈中，里根成功地把握了进攻的主动，成为了胜利的斗鸡。而卡特则显得捉襟见肘，被里根牵着鼻子走，最终走向失败。

设想一下斗鸡场上有两只公鸡，其中一只雄赳赳、气昂昂，摆出一副久经沙场、无所畏惧的样子，如果另一只公鸡在气焰上短了一筹，自然就被对手的声势给震慑住了，自然就会节节败退，这就是斗鸡博弈告诉我们的道理：不必针锋相对，大可做一些虚张声势的表面功夫，让对手自己软下去，这才是斗争的最高境界。

有时候，你的对手也不是那么好惹的，万一他是一个"不蒸馒头争口气"的呆子，那么你再怎么营造声势也没有用，他不吃这一套，还是会琢磨着怎么拼个鱼死网破，这时候你不妨主动进攻，给他一点颜色看看，让他知道你的厉害不是纸面上的也不是口头上的，他自然就会乖乖地后退了。

一个面带菜色、衣着简朴的小伙子乘坐长途汽车，因为带的杂物太多，被司机训斥后蜷缩在车尾角落里。

车行半路，忽然冒出来一个歹徒持械抢劫，原来他混在旅客堆里，没有引起司机的注意。这时候，司机已经被凶狠的歹徒用刀顶住脖子，眼见一场面对全体乘客的抢劫就要发生。那个小伙子突然站了起来，大叫一声："给我住手！"然后写了一张纸条递了过去。几个歹徒读罢字条，互相对视片刻，竟然迅速下车逃跑了。

一场风波化险为夷，大家诧异地问小伙子："你是警察？"

"不是。"

"你是军人？"

"也不是。"

"那你怎么这么厉害？"

"老实说，我今天正好带着借来的大笔钱，被他们抢走的话我也只有死路一条，所以只得铤而走险了。我在纸条上写的是：快滚蛋！我是一个持枪在逃犯，惹火了我我就杀了你们。"

"横的还是怕不要命的""威慑战略"在某些时候还真管用。你给别人的威慑不一定代表你真会那么去做，只是给别人一种震慑力或假象，在生活中采用一些假的威慑，或许可以解决一些难题。恰如在斗鸡博弈中，有一只公鸡气势汹汹的向前迈一步，意味着"小样，你胆子还真不小，等我给你点眼色看看！"这样对手就被吓得屁滚尿流了！

不过有时候，战斗并不是绝对的，重要的我们在针锋相对之后，能够让自己永远立于不败之地，如果你放远了眼光看问题，就会从另一个角度来理解斗鸡博弈。一般人面对对手的时候，往往会咬紧牙关，不屈不挠，变成一只红眼的斗鸡，恨不得一口吃掉对手。很多聪明的人并不会这样做，因为对手是自己的前进动力，并且可以鞭策自己获得改善和提高。保留对手，对自己的成长具有极强的促进作用。美国前总统林肯就是这样一个聪明的人。

林肯顺利地在1860年美国总统大选中胜出，当选为总统。

就任后，他任命参议员萨蒙·蔡斯为财政部长。当时有许多人反对这一任命，因为蔡斯虽然能干，但为人狂妄自大，十分不讨人喜欢。他本来是想竞选总统的，却在大选中输给了林肯，但是蔡斯始终认为自己比林肯要强得多，不是很顺从于林肯的领导。

当朋友不解地问起这件事时，林肯讲了这样一个故事：

"我想每一个在农村长大的朋友一定知道什么是马蝇。有一次，我和我的兄弟在肯塔基老家的一个农场犁玉米地，一个吆马，一个扶犁。刚开始马很懒，总也不愿意动；可是过了一会儿，它却在地里跑得飞快，连我这双长腿都跟不上。等跑到了地头，我才发现，原来有一只很大的马蝇叮在马身上，我不忍心看着这匹马被咬得生疼，就随手就把马蝇打落了。我的兄弟却埋怨我，并告诉我正是有了马蝇的叮咬，才使马跑得快。"

然后，林肯解释道："如果现在有一只叫'蔡斯'的强有力的马蝇正在叮咬我们的阵营，我们不仅不应该打落他，更应该感谢他，因为正是有了他的威胁，我们才会努力地跑。"

从科学的角度来说，斗鸡博弈对人的作用和达尔文生物进化论的观点相一致：在自然界中，到处都存在着一种竞争的法则，在这种竞争法则的作用下，这个世界才显得生机勃勃。如果一个物种失去了竞争，这一物种就会失去活力，死气沉沉而濒临灭种的边缘。如果一只斗鸡永远都不战斗，那么它只会变成一只普通的公鸡，整日在沙地上溜达觅食。所以，如果要成为一位战无不胜的常胜将军，你必须学会让你的对手成为你前进的动力，让你变得越来越强壮。

总结一下，斗鸡博弈给我们的启示在于：

善于营造声势，不用真刀实枪地战斗，就可以不战而屈人之兵；

获取主动权，勇敢前进一步，将对手打出去；

以退为进，以达到目的为胜利；

用对手鞭策自己，以获得更大的进步。

生活永远给予勇者以最丰厚的奖赏，如果你是一只斗志昂扬的斗鸡，那么请鼓起勇气，让自己成为沙场上的常胜将军吧！

从合作走向共赢——猎鹿博弈

社会学告诉我们，在人类文明之初的原始社会，人们维生的方式主要是狩猎。博弈论中有一个著名的猎鹿模型讲述了两个猎人共同猎鹿的故事。

某一天他们狩猎的时候，看到一头梅花鹿。于是两人商量，只有这两个人齐心协力，都去猎鹿时，才会得到那只鹿。如果猎鹿的时候一只兔子突然在其中一人身边经过，而这个人转而抓兔子，这人会得到兔子，但鹿就跑掉了。两人得到一只鹿的效用远比分别得到一只兔子大。

因此我们可以看到一共有四种方案供选择，每一行都代表一种博弈的结果。具体说来：

X，X

X，0

0，X

1，1

（1）第一行表示，猎人A和B都抓兔子，结果是猎人A和B都能吃饱4天；

（2）第二行，猎人A抓兔子，猎人B打梅花鹿，结果是猎人A可以吃饱4天，B则一无所获；

（3）第三行，猎人A打梅花鹿，猎人B抓兔子，结果是猎人A一无所获，猎人B可以吃饱4天；

（4）第四行，猎人A和B合作抓捕梅花鹿，结果是两人平分猎物，都可以吃饱10天。

① 如果双方都选择了猎鹿，效用为1，（猎鹿，猎鹿）具有帕累托最优（Pareto Optimality），为深入合作的最佳结果；

② 如果双方都选择了猎兔，即双方没有合作，（猎兔，猎兔）称为风险上策（Riskdominant）均衡。

③ 如果一人选择了猎鹿，而对方选择了猎兔，即对方没有诚信，背叛了原来的协议，则选择猎鹿者将一无所获，选择猎兔者将保证得到一定效用X（0＜X＜1）。

我们可以看到，在这个博弈中，根据纳什均衡原理，应用博弈论中的"严格劣势删除法"，可以得到两个比较好的结果，那就是：要么分别打兔子，每人吃饱4天；要么合作，每人吃饱10天。

当然人心是不一样的，最终会采取哪一种策略就不是纳什均衡所能决定的了，比较［1，1］和［X，X］两个纳什均衡，明显的事实是，两人一起去猎梅花鹿比各自去抓兔子可以让每个人多吃6天。按照经济学的说法，合作猎鹿的纳什均衡，分头抓打兔子的纳什均衡，具有帕累托优势。与［X，X］相比，［1，1］不仅有整体福利改进，而且每个人都得到福利改进。

可以看得出来，两个猎人自己单独行动的话是最不利的，得到的结果只能让大家吃2天，那么我们从这里就得到这么一个原理，我们不要单独战斗，要学会与他人的合作，一个人的力量不足以让团队都变好。

在现代的社会里，一个人做事情能影响的范围十分有限，一个人能调动的资源也屈指可数。想要做出一番大事，必须学会与别人合作。

对于普通人，学会与别人合作，可以相互取长补短，相互协助共同达到目标，实现大家价值的最大化；

对于领导人，与下属之间不仅是领导关系，而且是合作关系，在下属的配合下完成重大任务，协助下属指导下属完成其力所不及的事情，合做出金，何愁企业不欣欣向荣？

对于企业，与别的企业或作经营，形成资源共享的机制，才能在激烈的竞争中立于不败之地；

对于国家，形成战略合作伙伴关系，才能时刻洞悉世界的变化，实现民族的崛起和国家的富强；

……

合作的重要性不胜枚举，然而可惜的是还是有很多人认识不到这一点，仍然将"自立自强"的品质形而上学起来，固执地认为凡事必须自己来，结果往往在孤军奋战中功亏一篑。

就像我们熟悉的NBA球队火箭队，里面有我们佩服的明星，如麦蒂，2007年的时候，季后赛火箭首轮迎战爵士之前，麦蒂曾发表过著名宣言——"一切看我的！"不过最后却是爵士赢得了7场系列赛。去年，常规赛只剩下最后一场对阵洛杉矶快船，也就是说，火箭又将面对他们不甚光彩的季后赛历史了。

当然，对于当年的失误，麦蒂要承受很多的冷言冷语。

不过对于球迷的嘲讽，麦蒂却显得非常冷静，他说："我无法控制它，我只能用行动来回答那些问题，我会做我该做的，球迷的嘲讽不会影响我，当我年轻时或许会有点恼火，但是现在我已经在江湖里闯荡许久了。"

去年开赛前，麦蒂改变了自己的言行，他这次真正意识到了团体，"这是一项团体运动，"麦蒂说，"我们要像一支球队那样去比赛、去竞争。我不是一个人，这就是我要和大家说的，不要让我一个人战斗。"

麦蒂的球技不好吗？不是，谁都不会觉得他的球打得不好，但是个人英雄的形势似乎没有什么作用啊。有些人也许会说个人英雄也是存在的，例如电视里常有的那些超人、蜘蛛侠之类的,首先来说,这是一个假设存在的人物,第二就是他们也不是单独战斗的,每次总是有人给他们做好准备。

一个人的战斗是打不好的,抗战的时候我们还需要有后勤的支援,还需要有人提供各种设备等等。生活中,我们都离不开朋友、家人甚至陌生人,有时候别人的一个眼神都可以给予你极大的鼓励。人是社会的人,单独的存在是没有意义的,千万不要觉得自己什么都行,想着一个人能解决所有的问题,每个人都不是万能的神。有个笑话说得好,每天这么多人在祈祷,而且祈祷的内容也许刚好相反,万能的上帝也忙不过来了。

每个人都是社会的成员,社会的发展需要我们大伙团结努力,共同推动社会的进步。没有人能主宰世界,我们只有团结起来才能发挥整体的功能,共同创造世界的辉煌。这就好比一个公司要在市场中立于不败之地,就必须团结公司成员的力量,开拓创新,与时俱进,那么这个公司才会不断地发展,不断地壮大。团结的力量就显而易见了。

今天的时代是市场经济时代,市场经济是广泛的交往经济,离不开与各种类型的人合作;今天的时代是竞争的时代,只有选择合作,才能成为最具竞争力的一族;今天的时代是全球一体化的时代,要成为国际人,更需要高超的合作能力。没有合作能力,就不可能适应我们这个时代。成功者善于与别人合作,也乐于与别人合作,这样才使得他们发挥出千百倍于自己能力的能量,成就不一样的伟业。

1904年夏天,美国即将举行世界博览会,有一个制作糕点的小商贩把自己的糕点工具搬到了会展地点路易斯安那州。庆幸的是,他被政府允许在会场的外面出售他的薄饼。

他的薄饼生意实在糟糕,而和他相邻的一位卖冰淇淋的商贩的生意却好得不得了,一会儿工夫就售出了许多冰淇淋,很快他把带来的用来装冰淇淋的小碟子用完了。

心胸宽广的糕饼商贩见状,就把自己的薄饼卷成锥形,让它来盛放冰淇淋。卖冰淇淋的商贩见这个方法可行，便要了大量的薄饼，大量的锥形冰淇淋便进入客商们的手中。但令他们意料不到的是，这种锥形的冰淇淋被客商们看好，而且被评为"世界博览会的真正明星"。

从此，这种锥形冰淇淋开始大行其道，这就是现在的蛋卷冰淇淋。它的发明被人们称为"神来之笔"，有人这样假设，如果两个商铺不靠在一起，那么今天我们能不能吃上蛋卷冰淇淋就很难说了。

两个小商贩由简单的合作思维美竟然为世界创造了如此美味的经典，我们是不是也应当反思一下，自己是否也曾错过了很多只要合作就可以创造奇迹的机会呢？

每个人的能力和时间都是有限的，凡事自己来、完全不靠别人帮助的人是走不了多远的。一根筷子容易被折断，一棵独木也构不成森林，"兄弟一心，齐力断金"。只有学会与他人合作，才能将自己的力量放大千百倍，就像杠杆一样，撬动磐石。

今天的时代要求我们广泛地合作，我们也只能适应时代的要求，没有人能够独自成功；唱独角戏，当独行侠，是不能成大事的。俗话说得好："双拳难敌四手"、"三个臭皮匠，顶个诸葛亮"。只有运用合力，善于合作，才有强大的力量，才能把蛋糕做大，把事业做大、做强。这就迫切要求我们每个人都应具有合作能力；合作能力，是指工作、事业中所需要的协调、协作能力。其突出的特点是指向工作和事业，这正是许多企业、组织极端重视员工的合作能力的原因之所在。

猎鹿博弈给我们的启示如下。

如果你不想不留痕迹地被消灭，就不要一个人去战斗。

一根筷子易折，但是一束筷子却可以发挥顽强的抵抗力量。

合做出金，如果找到合适的人，那么就一起创造非凡的事业吧。

猎鹿的合作者们必须共同进步，不要留下拖后腿的"短板"。

有首歌词写得好：一支竹篙呀，难渡汪洋海。众人划桨哟，开动大帆船。一棵小树呀，弱不禁风雨。百里森林哟，并肩耐岁寒⋯⋯从这首歌里，我们不仅要学会怎么去唱，更要学会它的哲学原理，一只手拥抱不了成功，借助他人的力量，把他人的力量变成自己的左膀右臂助你完成要进行的事业才是成功者的决定。合作是聪明人最明智的选择！

放弃沉没的成本——协和谬误

假设你是一家科学仪器公司的总裁，正在进行一个新的仪器开发项目。据你所知，另外一家科学仪器公司已经开发出了类似的仪器。通过那家公司的仪器在市场上的销售情况可以预计，如果继续进行这个项目，公司有将近90%的可能性损失500万元，有将近10%的可能性盈利2500万元。到目前为止，项目刚刚启动，还没有花费什么钱。从现阶段到产品真正研制成功能够投放市场还需耗资50万元。你会把这个项目坚持下去还是现在放弃呢？

10%的可能性会盈利2500万元，90%的可能会损失500万元，而且该项目还没有任何投资。正常人会选择放弃。

让我们再来看下面这道题：你同样是这家科学仪器公司的总裁，对于这个新的仪器开发项目，你们已经投入了500万元，只要再投50万元，产品就可以研制成功、正式上市了。成败的概率与上述案例相同，你会把这个项目坚持下去还是放弃？

除了你已经投入500万元之外，第二个问题与前一个问题是完全一样的。既然已经懂得了沉没成本误区，我想你对以上的两道题应该会做出一致的决定。

但是把这两道题分别给老板们做，那些企业老总们绝大多数对第二题的回答是"坚持继续投资"。他们认为已经投了500万元，再怎么样也要继续试试看，说不定运气好可以收回这个成本。殊不知，为了这已经沉没的500万元，他们将有90%的可能非但收不回原有投资，还会再赔上50万元啊。

在经济学上，我们把那些已经发生、不可回收的支出，如时间、金钱、精力，称为沉没成本。这个意思就是说，你在正式完成交易之前投入的成本，一旦交易不成，就会白白损失掉。从理性的角度来说，沉没成本不应该影响我们的决策，然而，挽回成本的心理作用往往在博弈中让人做出非理性的决策，从而导致更大损失。博弈论专家经常将这种困境中的博弈称为协和谬误。

举个简单的例子就可以看出协和谬误的危害有多么大：假设你买进一只股票，股价下跌；于是你又在这个价位买进（股民称此为"摊平"），可是它又下跌……你再次购买的本意是减少损失，可是却越陷越深！

对于协和谬误的博弈来说，在没有100%的胜算下，及早退出是明智的选择。如果你不及时收脚回来，那么你很有可能血本无归！

20世纪60年代，英国和法国政府联合投资开发大型超音速客机，即协和飞机。开发一种新型商用飞机简直可以说是一场豪赌。单是设计一个新引擎的成本就可能高达数亿美元，想开发更新更好的飞机，实际上等于把公司作为赌注押上去。难怪政府会被牵涉进去，竭力要为本国企业谋求更大的市场。

该种飞机机身大，设计豪华并且速度快。但是，英法政府发现：继续投资开发这样的机型，花费会急剧增加，但这样的设计定位能否适应市场还不知道；而停止研制将使以前的投资付诸东流。随着研制工作的深入，他们更是无法做出停止研制工作的决定。协和飞机最终研制成功，但因飞机的缺陷（如耗油大、噪音大、污染严重等）以及成本太高，不适合市场竞争，最终被市场淘汰，英法政府为此蒙受了很大的损失。在这个研制过程中，如果英法政府能及早放弃飞机的开发工作，就会使损失减少，但他们没能做到。

不久前，英国和法国航空公司宣布协和飞机退出民航市场，才算是从这个无底洞中脱身。这也是"壮士断腕"的无奈之举。

无独有偶，在中国的航空工业历史上，也发生过类似的例子。

中国航空工业第一集团公司在2000年8月决定今后民用飞机不再发展干线飞机，而转向发展支线飞机。这一决策立时引起广泛争议。

该公司与美国麦道公司于1992年签订合同合作生产MD90干线飞机。1997年项目全面展开，1999年双方合作制造的首架飞机成功试飞，2000年第二架飞机再次成功试飞。

就在此时，MD90项目下马了。在各种支持或反对的声浪中，讨论的角度不外乎两大方面：一是基于中国航空工业的战略发展，二是基于项目的经济因素考虑。在这里不想就前一角度展开讨论，只有航空专家才在这方面最有发言权。单从经济角度看，干线项目上马、下马之争可以说为沉没成本提供了最好的案例。

许多人反对干线飞机项目下马的一个重要理由就是，该项目已经投入数十亿元巨资，上万人倾力奉献，耗时六载，在终尝胜果之际下马造成的损失实在太大了。这种痛苦的心情可以理解，但丝毫不构成该项目应该上马的理由，因为不管该项目已经投入了多少人力、物力、财力，对于上下马的决策而言，其实都是无法挽回的沉没成本。

事实上，干线项目下马完全是"前景堪忧"使然。从销路看，原打算生产150架飞机，到1992年首次签约时定为40架，后又于1994年降至20架，并约定由中方认购。但民航只同意购买5架，其余15架没有着落。可想而知，在没有市场的情况下，继续进行该项目会有怎样的未来收益？

然而就是这个已经沉没了的成本，却还让许多不明就里的人难以割舍。他们把它当做"鸡肋"，食之无味而又弃之可惜。实际上这些人不明白：沉没成本永远是决策的非相关成本，与其相伴随的机会成本才是决策相关成本，需要在决策时予以考虑。

沉没成本和机会成本之所以会对决策产生这样微妙的作用，原因就在于机会成本不是现实的成本，是隐性的，而沉没成本却是实实在在的，让人有一种"割肉"的痛楚。成本沉没在水里着实令人可惜，然而伤心懊悔不也是于事无补吗？还不如适时放弃，抓紧时间，创造更多的价值出来。

协和谬误给我们的直接警示就是，在投资时应该注意：如果发现是一项错误的投资，就应该立刻悬崖勒马，尽早回头，切不可因为顾及沉没成本，错上加错。事实上，这种为了追回沉没成本而继续追加投资导致最终损失更多的例子比比皆是。许多公司在明知项目前景暗淡的情况下，依然苦苦维持该项目，原因仅仅是他们在该项目上已经投入了大量的资金（沉没成本）。

摩托罗拉的铱星项目就是沉没成本谬误的一个典型例子。摩托罗拉为这个项目投入了大量的成本，后来发现这个项目并不像当初想象的那样乐观。可是，公司的决策者一直觉得已经在这个项目上投入了那么多，不能半途而废，所以仍苦苦支撑。但是，后来事实证明这个项目是没有前途的，所以最后摩托罗拉只能忍痛接受了这个事实，彻底结束了铱星项目，并为此损失了大量的人力、财力和物力。

现实经济中，陷入协和谬误困境的投资项目比比皆是，投资过半，行情却急转直下。到底是继续投资还是决然退出，总是令投资决策者左右为难。实际上，一个理性的经济人在做出决策的时候，总是要涉及沉没成本和机会成本的。然而现实中往往由于决策者思维的错位，将这两种成本相混淆，反而做出了不利的选择。

走出协和谬误的怪圈其实并不难，只要你敢于放弃，有胆量、有勇气经历失败，不要为打翻的牛奶而哭泣，对不可追求的东西要及时放手，做一个敢于放弃的聪明人。

在一次关于生活艺术的演讲中，教授拿起一个装着水的杯子，问在座的听众："猜猜看，这个杯子有多重？"

"50克"、"100克"、"125克"……大家纷纷回答。

"我也不知有多重，但可以肯定人拿着它一点不会觉得累。"教授说，"现在，我的问题是：如果我这样拿着几分钟，结果会怎样？"

"不会有什么。"大家回答。

"那好。如果像这样拿着,持续一个小时,那又会怎样?"教授再次发问。

"胳膊会有点酸痛。"一名听众回答。

"说得对。如果我这样拿着一整天呢?"

"那胳膊肯定变得麻木,说不定肌肉会痉挛,到时免不了要到医院跑一趟。"另外一名听众大胆说道。

"很好。在我手拿杯子期间,不论时间长短,杯子的重量会发生变化吗?"

"没有。"

"那么拿杯子的胳膊为什么会酸痛呢?肌肉为什么可能会痉挛呢?"教授顿了顿又问道,"我不想让胳膊发酸、肌肉痉挛,那该怎么做?"

"很简单呀,您应该把杯子放下。"一名听众回答。

"正是。"教授说道,"其实,生活中的问题有时就像我手里的杯子。我们埋在心里几分钟没有关系。如果长时间地想着它不放,它就可能侵蚀你的心力。日积月累,你的精神可能会濒于崩溃。到那时你就什么事也干不了了。"

教授这番话的另一层含义是,如果你手中的成本正在逐渐增加,你越来越感到吃力的话,你应该及时放弃。否则,你的身心将被拖垮。选择放弃很难受,但是不放弃,则更加痛苦。

协和谬误给我们的启示如下。

做事情时不要用沉没成本来衡量,不要因为做了,而继续做下去。

该放手时就放手,不要踏上不归路,放弃也是成功的必修课。

不要因已经付出的成本影响对未来的决策。

沉没成本,就像是沉没在冰山之间的泰坦尼克一样,如果你不放弃它,就会跟它一起沉没。不要奢望你能够打捞起已经沉没下去的成本,放弃包袱,重新上路,向崭新的明天扬帆启航!

讨价还价智慧大——蛋糕博弈

有一家外企招聘员工面试时出了这样一道题：要求应聘者把一盒蛋糕切成八份，分给八个人，但蛋糕盒里还必须留有一份。

面对这样的怪题，有些应聘者绞尽脑汁也无法完成；而有些应聘者却感到此题很简单，把切成的八份蛋糕先拿出七份分给七个人，剩下的一份连蛋糕盒一起分给第八个人。应聘者的创造性思维能力从这道题中就显而易见了。

这个问题就是著名的蛋糕博弈，也就是分配问题。分蛋糕的故事在很多领域都有应用。无论在日常生活、商界还是在国际政坛，有关各方经常需要讨价还价或者评判对总收益如何分配，这个总收益其实就是一块大"蛋糕"。

这块大"蛋糕"应该如何分配呢？我们知道最可能实现一半对一半的公平分配的方案，是让一方把蛋糕切成两份，而让另一方先挑选。在这种制度设置之下，如果切得不公平，得益的必定是先挑选的一方。所以负责切蛋糕的一方就得把蛋糕切得公平，这样才能让博弈的双方都满意。

但是，这个方案极有可能是无法保证公平的，因为人们容易想象切蛋糕的一方可能技术不到位或不小心切得不一样大，从而不切蛋糕的一方得到比较大的一半的机会增加。按照这样的想象，谁都不愿意做切蛋糕的一方。虽然双方都希望对方切而自己先挑，但是真正僵持的时间不会太长，因为僵持时间的损失很快就会比坚持不切而挑可能得到的好处大。也就是说，僵持的结果会得不偿失，会出现收益缩水的现象。

对于处于蛋糕博弈局面的人来说，无非有两种选择：第一是将现有的蛋糕分配得尽量公平，让大家都满意；第二就是想办法将蛋糕"做大"，让每个人都能分到更多的蛋糕，大家就都满意了。

在分蛋糕的过程中，一定要注意讨价还价，千万不要让自己应得的利益白白被别人侵占。这就需要动用智慧来维护自己的权利和利益。台湾著名作家刘墉在《我不是教你诈》一书中讲了这样一个故事：

从乡下的老房，搬进台北的高楼，小李真是兴奋极了。楼高十八层，小李住十七楼，站在阳台上，正好远眺市中心的十里红尘。唯一美中不足的是小李那十几盆花。阳台朝北，不适合种。适合种的是东侧，却只有窗，没有阳台。

"何不钉个花架呢？什么都解决了！"有朋友建议，并介绍了专门制作花架的张老板给小李。

只是自从钉了花架，虽然还没有钉上去，小李却一直做噩梦。梦见花架钉的不牢，花盆又重，突然垮了下去，直落十七层楼，正好落到路人的头上，当场脑浆四溅……

小李满身冷汗的惊醒，走到窗前，把头伸出去往下看。深夜两点了，居然还人来人往，热闹非常。想想这时候花盆掉下去，都得砸死人。要是大白天出了事，还不得死一堆？

想到这儿，小李打了个寒战。可是花架已经钉上去了，花盆又没处放，看样子，是非钉不可了。

钉花架的那天，小李特别请假，在家监工。

张老板果然是老手，十七层的高楼，他一脚就伸出窗外，四平八稳地骑在窗口。再叫徒弟把花架伸出去，从嘴里吐出钢钉往墙上钉。

张老板活像变魔术似的，不知道嘴里事先含了多少钉子，只见他一伸手就是一只，也不晓得钉了多少。不一会儿，张老板跳进窗内：

"成了，你可以放花盆了。"

"这么快！够结实吗？花盆很重的！"小李不放心地问。

"笑话！我们三个人站上去跳，都撑得住，保证20年不是问题，出了问题找我。"张老板豪爽地拍拍胸口。

"这可是你说的。"小李马上找了张纸，又递了纸笔给张老板，"麻烦你写下来，签个名。"

"什么？你要……"张老板好像不相信自己的耳朵。可是，看小李一脸严肃的样子，又不好不写，正犹豫，小李说话了：

"如果你不敢写，就表示不结实。这样掉下去，可是人命关天，不结实的东西，我是不敢收的。"

"好！我写，我写。"张老板勉强地写了保证书，搁下笔，对徒弟一瞪眼，"把家伙拿出来，出去！再多钉几根长钉子，出了事，咱可要吃不了兜着走了。"

说完，师徒二人又足足忙活了半个多钟头，检查再检查，才气喘吁吁地离去。

故事中的小李考虑到了一点，就是未来很可能出现花架不结实的问题，于是他抓住了张老板的一句话，在自己还能和他讨价还价的时候，达成了协议，从而保护了自己的利益，避免未来可能存在的质量问题。保护自己讨价还价的能力，就是保护自己的利益。在生活中，这一点尤为重要。如果你是买家，你的优势策略就是等验完商品再付款；如果你是卖家，就应该争取对方先支付部分货款再交货。总之，一定要牢牢保护好自己的利益，千万不能让属于自己的蛋糕被别人分走！

从另一个角度来看，社会总是在变化的，如果你总是固守着属于自己的蛋糕，那么可能等着等着，你的蛋糕就变馊了；或者你待在原地不动以为自己拿了铁饭碗，可能到头来你只能拿着可怜的口粮，眼巴巴地看着别人获得更大的收益。如果你想与时俱进，就得学会将自己的蛋糕做大。

娃哈哈品牌多年来产销量一直位居全国第一，其总产量约占全国同行业总份额的18%，从国际通行标准来说，这样的份额基本上是属于垄断性占有率。市场人士称之为娃哈哈的"赢家通吃"现象。

娃哈哈最初进入市场时，面临着大量的竞争对手，但是娃哈哈并没有被这些已有的对手击垮，反而后来者居上。在残酷尖锐的竞争中，娃哈哈凭借其精确的产品定位、有效的品牌延伸，终于从根本上提高了自己的现代化生产能力和生产水平，使自己具有了和国内外企业全面抗衡的强大实力。

做大以后，娃哈哈时刻不忘巩固自己的优势地位，不失时机地进行了品牌延伸，使产品品牌上升为了企业品牌。通过品牌延伸，娃哈哈已经推出了30多个系列产品，它们都已成为拳头产品，极大地提高了娃哈哈的市场占有率。

对于企业来说，如果不想在激烈的市场竞争中被淘汰，如果想在市场蛋糕的分配中占据最有发言权的一席之地，只有通过做大做强，才能获得更多的资源与优势，进而形成规模优势，为进一步发展壮大奠定坚实的基础。只有将自己的蛋糕做大，才能避免僧多粥少的尴尬局面。

对于很多小企业来说，一开始要考虑的根本就不是分蛋糕的问题，而是没有蛋糕可分的问题，所以需要尽快做出属于自己的蛋糕来，然后再下工夫将蛋糕做大，这样才能实现一个企业的成长、强大之路。

如今美特斯·邦威已经成为了年轻一代的时尚品牌，它的建成人周成建在一开始的时候花费了很多的精力考虑它的名字，起初不过是想借一个时尚的名字吸引年轻人的眼球，不过美特斯·邦威确实成功了。如今的美特斯·邦威已经成为了全国大型服装业中的一员。

在美特斯·邦威的成长历程中，周成建为了专卖店的跨越式的发展，考虑了很多策略的，如率先采取了将经营品牌与销售相分开、采取特许连锁经营策略、共担风险、实现双赢，使美特斯·邦威这个品牌在广东、上海等大城市中占据了一席之地。"借鸡下蛋"和"借网捕鱼"的服装产业供应链就这么搭建起来了。周成建说他在创业初期也没有制定过特别的营销策略，不过是想尽方法实干一番。也许正是他这种先做的策略，让他在不断的摸索中找到了适合自己企业生存的方式。

提及美特斯·邦威的成功，很多人认为是他赶上了市场经济好的发展时期。周成建对此没有做过多的反驳，他认为：邦威发展到如今，不能单纯地归结为偶然或必然。只要你敢做自己敢想的事情，并努力去实现，你就一定可以成功。很多人也认为他品牌的名字起得好，得益于天时地利人和。因为美特斯·邦威的含义是创造美丽独特的产品、品牌、企业文化，扬国邦之威。可是周成建的回答是：这个含义也是当美特斯·邦威的成绩取得以后才对媒体发布的。

美特斯·邦威正是凭借自己的实力才在服装界打出一番自己的天地，而不是凭借大张旗鼓的宣传，或者依靠亮丽抢眼的名字去市场中浑水摸鱼。不管未来的不确定性有多大，有想法就要立刻付诸行动，而不要立刻付诸语言。这样才能打下坚实的基础，铸就事业的平台。美特斯·邦威正是经历了从无到有、从小到大的发展历程，这种奋斗的精神，也是值得很多小企业学习的地方。

蛋糕博弈给我们的启示如下。

"不患寡而患不均"，千万不要因为利益分配的失衡而失掉人心。

与其守着一块小蛋糕等着分配，不如另谋出路，为自己做一块更大的蛋糕。

做大做强并不是一句空洞的口号，而需要忍耐常人所不能忍的苦难，付出超出常人的努力和汗水，才可能实现飞跃。蛋糕也好，利益也罢，请永远记住，守护自己应得的，并为更好地去奋斗！

买的不如卖的精——信息博弈

一个古董商发现一个人用珍贵的茶碟做猫食碗，于是假装对这只猫十分喜爱，要从主人手里买下。猫主人不卖，为此古董商出了大价钱。成交之后，古董商装做不在意地说："这个碟子它已经用惯了，就一块送给我吧。"猫主人不干了："你知道用这个碟子，我已经卖出多少只猫了吗？"这就是一个信息博弈的例子。古董商掌握"碟子是古董"这个信息，他认为猫主人不知道，这种"信息不对称"对他有利；可他万万没想到，猫主人不但知道，而且利用了他"认为对方不知道"的错误大赚了一笔。

信息是博弈论中重要的内容。从知识的拥有程度来看，博弈分为完全信息博弈和不完全信息博弈。完全信息博弈是指参与者对所有参与者的策略空间及策略组合下的支付有完全的了解，否则是不完全信息博弈。严格地讲，完全信息博弈是指参与者的策略空间及策略组合下的支付，是博弈中所有参与者的公共知识的博弈。对于不完全信息博弈，参与者所做的是努力使自己的利益最大化。

和上文中买猫的古董商一样，信息不对称造成的劣势，几乎是每个人都要面临的困境。谁都不是全知全觉，那么该怎么办呢？首先，为了避免这样的困境，我们应该在行动之前，尽可能掌握有关信息。人类的知识、经验等，都是所谓的信息库。古诗有云："不识庐山真面目，只缘身在此山中。"这句诗影射出了信息博弈中的一种常见情况，就是在博弈中，往往会出现某一方所知道的信息而对方不知道的情况，这种信息就是拥有信息一方的私有信息。正是有这种私有信息的存在，才会出现信息不对称的现象，从而导致博弈双方一个占优势，一个占劣势。

阿尔及利亚位于非洲和撒哈拉大沙漠的西部，北临地中海，与西班牙和法国隔海相望。是非洲面积第二大的国家。1830年，法国侵略阿尔及利亚。经过多年战争，法国于1905年占领了阿尔及利亚全境。在后来的五六十年间，阿尔及利亚人民奋起反抗，要求独立。法国政府为了镇压阿尔及利亚人民的反抗，派去了不少军队，动用了不少财力和物力。

20世纪60年代初，法国在阿尔及利亚的战争泥潭中越陷越深，总统戴高乐决定同阿尔及利亚人谈判，以便尽快结束战争。然而，驻守在阿尔及利亚的殖民军军官们却密谋发动政变，以阻止戴高乐的和平计划。为瓦解兵变，戴高乐以慰问为名义，向驻守在阿尔及利亚的军人发放了几千架晶体管收音机，供士兵们收听。戴高乐的做法得到了军官们的肯定，他们认为这并非是件坏事。

然而，就在正式会谈开始的那天夜里，收音机里传来了戴高乐总统的声音："士兵们，你们面临着忠于谁的抉择。我就是法兰西，就是它命运的工具，跟我走，服从我的命令……"这声音，这语气，跟当年戴高乐流亡国外，号召法国人民反击德国法西斯时的声音一样。过去他们跟着戴高乐，取得了反法西斯战争的胜利，今天还能有别的选择吗？于是，大部分士兵已经发现了事态的真相，都开了小差，整个兵营变得空空荡荡的。军官们只好放弃兵变的图谋。

由于博弈双方对信息的掌握通常是不对称的，获得信息优势的人会占据上风，他可以通过披露信息的方式来改变双发的资源配置情况，从而实现影响博弈的结果。戴高乐正是通过披露信息，不费一枪一弹便成功地控制了局面，赢得了政治上的一大胜利。

信息传递不光是一门科学，甚至已经成为了一种博弈智慧。如何获得信息、利用信息，是决策者进行博弈决策的一个关键。如果能把信息准确快速地传递出去，就有可能为自己赢得成功的机会，反之，如果传递的是错误信息，就会导致失败。

有这样一个故事，据说美军在1910年一次部队的命令传递中闹了很大的笑话。

一天，营长对值班军官说："明晚大约八点钟左右，将可能在这个地区看到哈雷彗星，这颗彗星每隔七十六年才能看见一次。命令所有士兵着野战服在操场上集合，我将向他们解释这一罕见的现象；如果下雨的话，就在礼堂集合，我将为他们放一部有关彗星的影片。"

值班军官对连长说："根据营长的命令，明晚八点哈雷彗星将在操场上空出现。如果下雨的话，就让士兵穿着野战服列队前往礼堂，这一罕见的现象将在那里出现。"

连长对排长说："根据营长的命令，明晚八点，非凡的哈雷彗星将身穿野战服在礼堂中出现。如果操场上下雨，营长将下达另一个命令，这种命令每隔七十六年才会出现一次。"

排长对班长说："明晚八点，营长将带着哈雷彗星在礼堂中出现，这是每隔七十六年才有的事。如果下雨的话，营长将命令彗星穿上野战服到操场上去。"

班长对士兵说："在明晚八点下雨的时候，著名的七十六岁的哈雷将军将在营长的陪同下身着野战服，开着他那辆彗星牌汽车，经过操场前往礼堂。"

这是一个很好笑的笑话，信息在传递的过程中，从上到下不断发生变化，最后传到底层士兵耳朵里的，成了一条令人啼笑皆非的信息。在现实生活中，也有同样的例子，信息在"上传"与"下达"的过程中必然会出现误差，常常因为这样的差异就会导致很大的损失。因此，为了避免类似事情的发生，一定要制定有效的信息传递方式，确保信息在传递过程中不会被误解、被误传，从而引致更大的损失。

我们并不一定知道未来将会面对什么问题，但是你掌握的信息越多，正确决策的可能就越大。下面再来看一个故事：

有一个卖草帽的人，有一天，他叫卖归来，到路边的一棵大树旁打起瞌睡。等他醒来的时候，发现身边的帽子都不见了。抬头一看，树上有很多猴子，而且每一只猴子的头上都有顶草帽。他想到猴子喜欢模仿人的动作，于是就把自己头上的帽子拿下来，扔到地上；猴子也学着他，将帽子纷纷扔到地上。于是卖帽子的人捡起地上的帽子，回家去了。后来，他将此事告诉了他的儿子和孙子。

很多年之后，他的孙子继承了卖帽子的家业。有一天，他也在大树旁睡着了，而帽子也同样被猴子拿走了。孙子想到爷爷告诉自己的办法，他拿下帽子扔到地上。可是猴子非但没照着做，还把他扔下的帽子也捡走了，临走时还说："我爷爷早告诉我了，你这个老骗子会玩什么把戏！"

信息的不对称，决定了掌握信息的人比没有掌握信息的人更具有优势，在经济领域，这种利用信息不对称而赚取丰厚回报的做法比比皆是。例如在股市中，有可靠信息来源的人，就比无信息来源的人更容易赚到钱。既然信息对博弈决策至关重要，那么，对于每个人来说，掌握信息就是一种必不可少的人生智慧。而财富就隐藏在信息中，关键是看你能不能把握住它，能不能应用它做出正确的判断。

宋国有一户人家，世代以漂染丝绸为业，他家有一种祖传秘方，能调制防治手脚龟裂的药膏。有位游客听说后，出价百两银子收买这种药方。

漂丝人全家商量后，认为一家人辛辛苦苦漂染丝绸一年，只不过能赚几两银子，现在一以下子可以得到上百两银子，于是一致决定把药方卖给了那位游客。

游客买下药方，来到吴国。当时吴国正与越国交战，时值隆冬腊月，北风刺骨，吴国水军士兵的手脚都开裂了，无法持戈作战，吴王为此很着急。这时，游客献上药方，吴王封他为将。调制的药膏治愈了士兵的手脚上的龟裂，一蹴而就，打败了越军。

吴王很高兴，赐封给游客大片土地作为奖赏，并封他为侯。

同样是治龟裂的药膏，漂丝者只为一家人在冬天漂丝用，游客用于两国交战，结果得到了大片的封地。游客聪明就聪明在他利用信息的智慧，一方面，他掌握了"吴王为士兵在冬天出现手脚龟裂而担心"的信息，另一方面，他掌握了"宋国人能够调制预防手脚龟裂的药膏"的信息。这个信息的利用，让他起到了雪中送炭的作用，因此大赚了一笔。

羊皮卷上有一句很著名的话，可以用来说明财富就隐藏在信息中："即使是风，也要嗅一嗅它的味道，你就可以知道它的来历。"在当今这个瞬息万变的时代，关注信息就是关注金钱，任何风吹草动都有可能包含着让我们成功的信息。信息已经成为这个时代的决定性力量，及时拥有信息的人，才能拥有财富。在当今社会里，什么都是用信息来衡量的，信息已经成为了这个时代的象征。

信息博弈可谓是应用广泛，给我们的生活和事业带来了很多有用的启示。

"知己知彼，百战不殆"，如果你想打败对手，就先要充分了解对手。

不打无准备之仗，任何时候都要让自己的心里有一盘清楚的棋局，掌握最充分的信息；

信息为王的时代里，请擦亮眼睛寻找商机，如果你留心，财富就会滚滚而来。

对于每个人来说，掌握信息是一种必不可少的人生智慧。财富和事业就隐藏在信息之中，关键是你能不能把握住它，能不能应用它做出正确的判断！

与其两伤，不如双赢——零和游戏原理

在任何一项游戏中，游戏者都会有输有赢，一方所赢正是另一方所输，游戏的总成绩永远为零，这就是零和游戏。

零和游戏原理源于博弈论：两人对弈，在大多数情况下，总会有一个赢，一个输，如果我们把获胜计算为得1分，而输棋为–1分，那么，这两人得分之和就是：1+（–1）=0。

零和游戏之所以广受关注，主要是因为人们发现，在社会的各个方面，无论是国家治理，还是企业管理，甚至小到人际关系的处理，都会有与零和游戏类似的局面：大肆开发利用煤炭石油资源，留给后人的便越来越少；没有节制的水资源浪费，造成现在多个国家面临淡水资源的枯竭，后人用水问题如何解决成了世界性问题；我们修筑了葛洲坝水利工程，白鳍豚就再也不能回游到金沙江产卵了；大量的森林树木砍伐，造成土地沙漠化越来越严重。胜利者的光荣后面往往隐藏着失败者的辛酸和苦涩。

20世纪以来，零和游戏观念正逐渐被非零和游戏即"负和"或"正和"观念所取代。负和是指，一方虽赢但付出了惨重的代价，得不偿失，可谓没有赢家。赢家所得比输家所失多，或者没有输家，结果为双赢或多赢，称为正和。

发展是硬道理，人类在经历了经济高速增长、科技迅猛发展、全球经济一体化及日益严重的生态破坏、环境污染之后，可持续发展理论才逐渐浮出水面。零和游戏原理正在逐渐为双赢观念所取代，人们逐渐认识到"利己"而不"损人"才是最美好的结局。

因此，领导者要善于跳出零和的圈子，寻找能够实现双赢的机遇和突破口，防止负面影响抵消正面成绩。批评下属如何使人接受而不抵触、发展经济如何才能做到不损害环境、展开竞争如何使自己胜出而不让对方受到伤害，这些都是每一个管理者值得关注的问题。

有这样一段有趣的寓言故事：

一只蜂房里的蜂后从喜马拉雅山飞上夏林比斯山，把刚从蜂房里取出来的蜜献给天神，天神对蜂后的奉献很高兴，于是就答应给它所要求的任何东西。

蜂后请求天神说："请你给我一根刺，如果有人要取我的蜜，我便可以刺他。"天神很不高兴，因为他爱人类，但因为已经答应，不便拒绝它的请求，于是天神回答蜂后："你可以得到刺，但那刺留在对方的创口里，你将因为失去刺而死亡。"

所以我们现在看到，蜜蜂只要蜇了人就会死亡。

这虽是一则寓言故事，但它充分反映出一个道理——害人害己。从而也清楚地向人们折射出现实社会中许多类似的人，他们为了谋取私利，损害他人利益，从不在乎他人受伤，但最终害了自己。因此，我们一定要走出零和游戏的怪圈。

再讲一个害人终害己的寓言故事：

有一只青蛙看着自己的邻居老鼠很不舒服，总想找个机会修理修理它。

某一天，青蛙找到老鼠，劝它到水里玩。老鼠不敢，青蛙说有办法保证它的安全，用一根绳子把它们连在一起，老鼠终于同意一试。

下了水，青蛙大显神威，它时而游得飞快，时而潜入水底，把老鼠折腾得死去活来。老鼠最后被灌了一肚子水，泡胀的身子漂浮在水面上。

这时，空中飞过的鹞子正在寻找食物，发现漂浮的老鼠，就一把抓过去，相连的绳子把青蛙也带起来。吃掉老鼠后，意犹未尽的鹞子又把嘴伸向青蛙。在被鹞子吃掉之前，青蛙后悔地说："没想到把自己也给害了。"

害人终害己，把别人推向危险时，自己是很难脱掉干系的。

从上面这两则寓言故事看出，用卑劣的手段对付竞争对手，其结果往往是两败俱伤，谁也成不了最后的赢家，因此我们一定要走出害人又害己的误区，真诚合作，尽量规避零和游戏规则。与其在竞争中两败俱伤，不如想办法实现双赢，让游戏中每一个参与者共享成功的果实，这样不是更好吗？

人们把因双赢而产生更加积极的合作行为的现象，称为双赢效应。我国塔里木油田分公司新布的探井，就因为与当地的农民合作，取得了双赢效应，两口井较初始方案节约钻前费用约530万元，还为当地农民铺设了一条企盼已久的道路。又如武汉市中南商业大楼无障碍退换措施使商家与顾客获得了双赢效应，武汉市中南商业大楼推出经营新理念无障碍退换，即无论顾客对商品满意或不满意都能退换货，退换货实行首问负责制，无须任何理由，并力争在10分钟内解决。这一举措深受消费者欢迎。在不到半年的时间里销售额同比增长2 000万元，而其中至少有80%的销售额即约1 600万元是这项措施创造的。

双赢带来的效果是什么呢？

一、双赢为双方带来了利益优势。如上两例，双方均获得了自己想得到的利益。心理学原理表明，一个人在获得肯定满意的态度后，这种态度就会直接影响或决定这个人的后续行为。双方获利后，在绝大多数的情况下，都会产生肯定满意的态度，因此双方的行为就相继地产生了。

二、双赢提高了双方的相互信任度。在人际交往、合作共事中，双方的相互信任是十分重要的，正因为这样，所以现在大力提倡"诚信"二字。没有诚信，后续的交换、合作行为就持续不下去，就不可能再带来双赢。可见，双赢对双方建立信任机制是有效的，而信任机制的建立是产生双赢效应的重要因素。

三、双赢给双方带来了后双赢的可能。人们都期待好的结果、好的行为再次发生。这种期待心理为双赢的双方带来了后双赢的可能。而这种后双赢的可能性就推动了双方再次合作的行为。

想到百步之后——蜈蚣博弈

蜈蚣博弈是由罗森塞尔（Rosenthal）提出的。它是这样一个博弈：两个参与者A、B轮流进行策略选择，可供选择的策略有"合作"和"背叛"（"不合作"）两种。假定A先选，然后是B，接着是A，如此交替进行。A、B之间的博弈次数为有限次，比如100次。假定这个博弈各自的支付给定如下：

合作 合作 合作 合作 …… 合作 合作
A B A B …… A B （100, 100）
合作 合作 合作 合作 …… 合作 背叛
A B A B …… A B （98, 101）

这个博弈因形状像一只蜈蚣，而被命名成蜈蚣博弈。

现在的问题是：A、B是如何进行策略选择的？

这个博弈的奇特之处是：当A决策时，他考虑博弈的最后一步即第100

步；B在"合作"和"背叛"之间作出选择时，因"合作"给B带来100的收益，而"不合作"带来101的收益，根据理性人的假定，B会选择"背叛"。但是，要经过第99步才到第100步，在99步，A考虑到B在100步时会选择"背叛"——此时A的收益是98，小于B合作时的100，那么在第99步时，他的最优策略是"背叛"——因为"背叛"的收益99大于"合作"的收益98……如此推论下去，最后的结论是：在第一步A将选择"不合作"，此时各自的收益为1，远远小于大家都采取"合作"策略时的收益：A：100，B：100-99。

不难看出，在该博弈的推理过程中，运用的是逆推归纳法。从逻辑推理来看，逆推归纳法是严密的，但结论是违反直觉的。直觉告诉我们，一开始就停止的策略A、B均只能获取1，而采取合作性策略有可能均获取100，当然A一开始采取合作性策略有可能获得0，但1或者0与100相比实在是太小了。直觉告诉我们采取"合作"策略是好的。而从逻辑的角度看，A一开始应选择"不合作"的策略。是逆推归纳法错了，还是直觉错了？人们在博弈中的真实行动"偏离"了运用逆推归纳法关于博弈的理论预测，造成两者间的矛盾和不一致，这就是蜈蚣博弈的悖论。

对蜈蚣博弈进行实验的结果也表明，在绝大多数任意选择的博弈方之间进行该博弈，一般都不会出现逆推归纳法预测的博弈方A在一开始就选择结束博弈时双方收益为1的结果。蜈蚣悖论对逆推归纳法的有效性提出了严重的质疑：逆推归纳法是否失效了？

对于蜈蚣悖论，许多博弈专家都在寻求它的解答。在西方有研究博弈论的专家做过实验〔目前通过实验验证集体的交互行为已成时尚，正如博弈论专家英国的宾莫（Ken Binmore）所言，诺贝尔奖也无疑在考虑这方面的先驱者〕，实验发现，不会出现一开始选择"不合作"策略而双方获得收益1的情况。双方会自动选择合作性策略，从而走向合作。这种做法违反倒推法，但实际上双方这样做，要好于一开始A就采取不合作的策略。

倒推法似乎是不正确的。对此，许多学者进行了研究，结果认为双方开始时将选择合作性策略，虽然这违反博弈中的倒推分析方法的逻辑，但的确要好于最初就选择背叛所带来的收益。只不过理性的人会出于自身利益的考虑，在某一步选择背叛，即虽然最初选择了合作，但这种合作却不可能坚持到底。倒推法肯定在某一步要起作用。只要倒推法在起作用，合作便不能进行下去。

这个悖论在现实中的对应情形是，参与者不会在开始时确定他的策略为"不合作"，但他难以确定在何处采取"不合作"策略。

在蜈蚣博弈中，根据逆推归纳法，博弈方在一开始就应该选择结束博弈，即博弈双方的得益均为1。这是不符合双方的长远利益的。逆推归纳法的路径与博弈方的长远利益相悖，因而博弈方不会按逆推归纳法的逻辑推理去决策。在该博弈中，如果博弈的双方彼此信任、默契，彼此相信对方是理性的，彼此相信对方会追求自身的长远利益与整体利益，那么双方选择合作策略的可能性会更大。而且在现实生活中，如果博弈双方相互信任、从长远利益与整体利益出发去进行策略选择，结果往往是双赢。

下面我们来举一个生活中的恋爱故事来说明这个博弈：

爱情就其本质来说是一种交往，人交往的目的在于个人效用最大化，不管这个效用是金钱，还是愉快的感觉、幸福的感觉。只要追求个人效用，就必定存在利益博弈，因而，我们的爱情交往是一个典型的双人动态博弈过程。爱情博弈不等同于其他动态博弈的一个重要点是：爱情的效用随着交往程度的加深和时间推移有上升趋势。

假定朱丽叶（女）和罗密欧（男）是这个蜈蚣博弈的主角，这个博弈中他们每人都有两个战略选择，一是继续，一是甩掉。他们的博弈展开式如下：

博弈从左到右进行，横向连杆代表继续交往战略，向下的连杆代表甩掉她（他）战略。每个人下面对应的括号代表相应的人甩掉了对方，爱情结束后，各自的爱情效用收益，括号内左边的数字代表朱丽叶的收益，右边代表罗密欧的收益。可以看到，罗密欧和朱丽叶甩掉战略对应的括号数字每个都不同，这是因为爱情效用在不断增加，这里假设爱情每继续一次总效用增加1，如第一个括号中总效用为1+1=2，第二个括号则为0+3=3，只是由于选择甩掉战略的人不同，而在两人之间进行分配。由于男女生理结构和现实因素不同，朱丽叶甩掉战略只能使效用在两人之间平分，即两败俱伤，罗密欧选择甩掉战略则能占到3个便宜。显然，甩掉战略对于被甩掉的一方来说是一种欺骗行为。

请看，首先，交往初期朱丽叶如果甩掉了罗密欧，则两人各得1的收益，朱丽叶如果选择继续，则轮到罗密欧选择，罗密欧如果选择甩掉了朱丽叶，则朱丽叶属受骗，收益为0，罗密欧占了便宜收益为3，这样完成一个阶段的博弈。可以看到每一轮交往之后，双方了解程度加深，两人爱情总效用在不断增长。这样一直博弈下去，直到最后两人都得到10的收益，为圆满爱情结局——总体效益最大。遗憾的是这个圆满结局很难达到！

大家注意，当罗密欧到达甩掉了朱丽叶可得收益是10的时候，他很难有动力继续交往下去，继续下去不但收益不会增长，而且有被朱丽叶甩掉反而减少收益的风险。朱丽叶则更不利，因为她从来就没有占先的机会，她无论哪次选择甩掉罗密欧，两者都是两败俱伤，而且还有可能被罗密欧欺骗减少收益的危险，在爱情过程中，女人总体来讲处于不利地位。因此，每一次交往，无论罗密欧还是朱丽叶都有选择甩掉来中止爱情的动机，更详细的数学可以证明，如果他们是极端个人主义的话，爱情圆满的结局不可能达到。个人效益最大与总体效益最大之间有矛盾。

怎样才能达到圆满结局呢？有三个因素决定，一是罗密欧和朱丽叶之间的爱情信念，即追求两个人的爱情效用最大，而不是单方面的，相信坚持下去会有好的结果；二是选择充分信任对方的行为，不要摆明了猜忌对方；三是最终结局的可能性，在博弈论中这个叫贴现因子，也就是未来的收益对于现在的收益来讲，哪个更大，比如对罗密欧来讲，最终结局的收益10肯定不会等于当前甩掉了朱丽叶得到的10，哪个更大，罗密欧就选择哪个。两人对于爱情未来的观念和信念真的很重要。

通过这个恋爱的分析，你可以发现，遵循于逻辑倒推的蜈蚣博弈在某些条件下，不一定会成立，并且有很大的局限性。倒推法的成立是需要一定条件的，不适于分析所有动态博弈。不过，只要条件容许，被分析的问题符合客观成立的要求，倒推法绝对是一种分析动态博弈的有效方法，我们可以通过这种方法来改善我们的生活，解决遇到的难题，甚至是帮助自己走向成功。

不管叫它"倒推法"还是"逆推法"，说的都是同一样事物。下面以市场进入博弈为例，来看如何运用逆推归纳法。

假定有甲、乙两个企业，甲企业一直独占某城市的市场，每年的垄断利润是10亿元。乙企业为了进入这个市场，需要4亿元的投资。当乙企业准备进入的时候，甲企业必须决策：或者"容忍"进入，就是收缩产量维持高价，利润降为5亿元，这时乙企业的利润也是5亿元，减去投资费用，实得1亿元；或者展开商战"对抗"，就是加大产量，降低价格，力图把进入者挤出去，这时甲企业的利润降到2亿元，乙企业得到2亿元还抵不过投资的4亿元，亏损2亿元。对于甲而言，一旦乙进入，利润会受损很多，乙最好不要进入。因此，甲向乙发出威胁：如果你进入，我将打击。

但是这个博弈的最终结果是，乙选择"进入"，甲选择"容忍"。为什么呢？在这个博弈中甲的威胁是不可信的。

乙是这样推理的：假定我（乙）进入，甲如果"打击"，它的得益为2；"容忍"的得益为5。甲是理性人，它将选"容忍"的策略。既然我预测到甲将"容忍"，我在"进入"和"不进入"间进行选择时，"进入"的得益为1，"不进入"的得益为0，作为理性人我将选择"进入"。当乙选择"进入"策略时，甲的推理是：如果采取"打击"，我的得益为2；"容忍"的得益为5，选择"容忍"是理性的策略选择。

通过以上分析，可以看出逆推归纳法的逻辑基础是这样的：动态博弈中先行为的理性的博弈方，在前阶段选择行为时必然会考虑后行为博弈方在后面阶段将会怎样选择行为，只有在博弈的最后一个阶段选择的、不再有后续阶段牵制的博弈方，才能直接作出明确选择。而当后面博弈方的选择确定以后，前一阶段博弈方的行为也就容易确定了。

由于逆推归纳法确定的各个博弈方在各阶段的选择，都是建立在后续阶段各个博弈方理性选择的基础上的，因此排除了不可信的威胁或承诺的可能性，因此它得出的结论是比较可靠的，确定的各个博弈方的策略组合是有稳定性的。

但是不可否认，逆推归纳法在逻辑上是严密的，然而它存在着"困境"；蜈蚣悖论恰好反映了这种"困境"。许多学者试图克服这些理论困难。不过这已经不在我们的考虑范围之内了，我们关注的是逆推法怎样可以为我所用。

微软有一道特别著名的面试题，说的是有5个海盗抢得100枚金币后，讨论如何进行公正分配。他们商定的分配原则是：

（1）抽签确定各人的分配顺序号码（1，2，3，4，5）；

（2）由抽到1号签的海盗提出分配方案，然后5人进行表决，如果方案得到超过半数的人同意，就按照他的方案进行分配，否则就将1号扔进大海喂鲨鱼；

（3）如果1号被扔进大海，则由2号提出分配方案，然后由剩余的4人进行表决，当且仅当超过半数的人同意时，才会按照他的提案进行分配，否则2号也将被扔入大海；

（4）依此类推。

这里假设每一个海盗都是绝顶聪明而理性，他们都能够进行严密的逻辑推理，并能很理智地判断自身的得失，即能够在保住性命的前提下得到最多的金币。同时还假设每一轮表决后的结果都能顺利得到执行，那么抽到1号的海盗应该提出怎样的分配方案才能使自己既不被扔进海里，又可以得到更多的金币呢？

请问，如果你是最先分金币的A，怎么样分才能既保住自己的性命，又得到最多的金币？

此题是蜈蚣博弈范畴内的推导。由于从第一个强盗（强盗A）开始推导产生的各种分支情况可能过于复杂，因此，应从后面开始向前倒推，从而得出结果。

此题公认的标准答案是：1号海盗分给3号1枚金币，4号或5号2枚金币，自己则独得97枚金币，即分配方案为（97，0，1，2，0）或（97，0，1，0，2）。现在来看如下各人的理性分析：

首先从5号海盗开始，因为他是最安全的，没有被扔下大海的风险，因此他的策略也最为简单，即最好前面的人全都死光光，那么他就可以独得这100枚金币了。

接下来看4号，他的生存机会完全取决于前面还有人存活着，因为如果1号到3号的海盗全都喂了鲨鱼，那么在只剩4号与5号的情况下，不管4号提出怎样的分配方案，5号一定都会投反对票来让4号去喂鲨鱼，以独吞全部的金币。哪怕4号为了保命而讨好5号，提出（0，100）这样的方案让5号独占金币，但是5号还有可能觉得留着4号有危险，而投票反对以让其喂鲨鱼。因此理性的4号是不应该冒这样的风险，把存活的希望寄托在5号的随机选择上的，他唯有支持3号才能绝对保证自身的性命。

再来看3号，他经过上述的逻辑推理之后，就会提出（100，0，0）这样的分配方案，因为他知道4号哪怕一无所获，也还是会无条件地支持他而投赞成票的，那么再加上自己的1票就可以使他稳获这100金币了。

但是，2号也经过推理得知了3号的分配方案，那么他就会提出（98，0，1，1）的方案。因为这个方案相对于3号的分配方案，4号和5号至少可以获得1枚金币，理性的4号和5号自然会觉得此方案对他们来说更有利而支持2号，不希望2号出局而由3号来进行分配。这样，2号就可以高高兴兴地拿走98枚金币了。

不幸的是，1号海盗更不是省油的灯，经过一番推理之后也洞悉了2号的分配方案。他将采取的策略是放弃2号，而给3号1枚金币，同时给4号或5号2枚金币，即提出（97，0，1，2，0）或（97，0，1，0，2）的分配方案。由于1号的分配方案对于3号与4号或5号来说，相比2号的方案可以获得更多的利益，那么他们将会投票支持1号，再加上1号自身的1票，97枚金币就可轻松落入1号的腰包了。

这道题给我们的最大的启示就是，当你面对一个棘手的问题时，可以考虑通过倒推的方式去解决它。从结果出发，一步一步从后向前倒推，你会清晰地找到问题解决的关键所在。

相传秦宣太后守寡在宫中，与大臣魏丑夫明来暗往，十分情投意合。后来太后染上重病，卧床不起，临死前感到离不开魏丑夫，便下了一道命令，要魏丑夫为她陪葬。听到这个消息，魏丑夫吓得面无人色，到处找人说情。大臣庸芮自告奋勇找太后，见到太后说道："请问太后，人死了还会有知觉吗？"太后不知道庸芮问话的用意，便随口答道："我想是会有的。"庸芮听了太后的回答，接着说："如果人死了还会有知觉，那么在阴间的先王早知道你和魏丑夫的关系了，积怨一定很久很深。而今假如你要魏丑夫陪你到阴间，先王不会责怪你吗？到那时，你在先王面前请罪都来不及，还能有什么闲心与魏丑夫相好呢？"这一席话，振聋发聩，使太后看到了一个如此严重的后果，于是连连说："罢了，罢了！"

正是庸芮的几句话，救了魏丑夫一条小命。庸芮怎样把太后说服的呢？他先问太后一个"人死后有无知觉"的问题，等太后回答"有知觉"后，他假设太后的回答正确，然后向回推导说明将魏丑夫殉葬的不明智。庸芮知道太后已经属于头脑发昏的状态，正常的道理不可能说服她，就采用这种方法，让太后有所醒悟。

为什么采取目标倒推法的人更容易成功？首先，因为目标是标杆，给了追求的人一个方向；其次，目标也是一个压力，在追求的人身上会转化为动力，促使他不断地努力；再次，也是最重要的，那种采取目标倒推法的人，将天下的资源都视为自己可以利用的资源，他的能力、资源比"资源导向式"的人要大千百万倍不止，自然更容易实现目标。

但是人类的思维惯性是倾向于从前往后思考的，所以用倒推法思考的人，往往更容易成功。因为他们比别人具有更准确的行动力和更高的目标成功率，在人际沟通上也更有说服力。

倒推法的好处是，你目前做的所有事情，都确实是为了实现你的目标，不会轻易偏离航向。人生中，有时候你未必采用逆推法，但是切记不要让你的小船迷失了航向，那样你永远都走不到你想要去的地方。

在这个世界上有一件事是绝对不能忘记的，那就是你的人生目标。如果你忘记其他事情，只有人生目标没有忘记，你就不用担心；反之，如果你记得、参与并完成其他事情，却忘记人生目标，那你就等于什么也没有做。这就好像国王派遣你到一个国家去完成一件特殊的工作。你去了，也做了一百件其他的事，但如果没有完成你的任务，你就是什么事都没有做。每个人来到世间都有一件特定的事要完成，那就是他的人生目标。如果他没有达到人生目标，就等于什么事都没有做。

附 录
世界著名的十大心理学派及代表作

内容心理学派

19世纪60年代,内容心理学在德国产生。内容心理学派的代表人物主要有费希纳和冯特。

费希纳(1801—1887)受赫尔巴特的启发,认为心理是可测量的。经过许多实验和推导,他把感觉强度和刺激强度之间的关系概括为如下公式:$S = C \times \log(R / RO)$,其中S为感觉强度,C为适用于不同感觉中的每个感官的常数,R是刺激强度,RO则表示在阈限的刺激强度。

费希纳在心理物理学的研究中曾创造了三种心理测量的方法:最小视觉差法、正误法和均差法。他把物理学的数量化测量方法带到心理学中,提供了后来心理学实验研究的工具。

冯特(1832—1920)将内省实验法引入了心理学。他认为,心理研究应以意识内容(直接经验)为对象,心理学的任务就是要分析意识的结构和内容,心理学应该是一门研究意识内容的科学。因此,冯特的心理学体系被称为内容心理学。

冯特使心理学从哲学中独立出来,从此开辟了科学的一个新领域,创立了新心理学——实验心理学。冯特的内容心理理论观点,后来被他的学生铁钦纳带到美国,并于19世纪末在美国发展形成了一个在主要的心理思想上与冯特观点相似但又有区别的较大学派——构造主义心理学派。

代表著作

费希纳:《心理物理学纲要》、《心理物理学要义》。

冯特:《对感官知觉理论的贡献》、《人类和动物心理学讲演录》(简称《讲演录》)、《生理心理学原理》(简称《原理》)、《民族心理学》。

意动心理学派

意动心理学派的产生与冯特的内容心理学息息相关，产生时间约在19世纪下半叶。布伦塔诺为这一学派的创始人，另一代表人物为他的学生施通普夫。

布伦塔诺认为任何心理动作都指向对象，没有无对象的动作，也无没有动作的对象，对象(内容)和动作不可分开，都要研究，但心理学主要研究意动。布伦塔诺和冯特都认为心理科学研究直接经验。

施通普夫将直接经验分为四类，每类属于不同学科的对象。其中色、声等感觉和映象是心理内容，属于现象学；知觉、理解、欲望和意志等心理功能属于心理学，功能和内容不可分地各自独立于经验中。如看见红色，看为心理功能，红色为内容(现象)，它们独立存在又不可分割，心理学不能完全排除内容，但它主要研究功能。由此意动心理学又称为机能心理学。

在20世纪初，布伦塔诺和施通普夫的学生胡塞尔提出现象学哲学，支持了意动心理学。与此同时，英国高尔顿研究个别差异时，发现许多人，甚至有的大艺术家也缺乏视觉意象；而法国人比奈在为女儿做思维实验时，也发现类似的无意象思维。由此，这种出自哲学唯心论的意动心理学或机能心理学得到广泛传播，成为当时欧洲一种强有力的心理学思潮，格式塔心理学、弗洛伊德的精神分析都受其影响。

代表著作

布伦塔诺：《从经验的观点看心理学》。

构造主义心理学派

19世纪80年代在美国创立,由冯特的最忠诚的学生铁钦纳于内容心理学派形成近20年后在美国建立,是内容心理学思想的继承和进一步发展。代表人物主要有冯特和铁钦纳。

冯特用实验的方法来分析人的心理结构,冯特的心理学因此被称为构造主义心理学。构造主义心理学派的形成更多地来自于铁钦纳的个人努力,并在他去世后衰退。

构造主义心理学研究的对象主要是意识经验,认为意识的内容可以被分解为基本的要素,把心理分解成这样的一些基本的要素后,再逐一找出它们的关系和规律,就可以达到了解心理实质的目的。这一学派强调内省方法,认为了解人们的直接经验,要靠被测试者自己对经验的观察和描述,也就是内省。这一学派将心理学看成一门纯科学,只研究心理内容本身,研究它的实际存在,不去讨论其意义和功用,所以极为狭隘。到20世纪20年代构造主义心理学的影响逐渐衰落。

代表著作

铁钦纳:《心理学纲要》、《心理学入门》、《实验心理学》。

机能主义心理学派

19世纪末20世纪初在美国产生,创始人是美国著名心理学家詹姆斯,其代表人物还有杜威、安吉尔和卡尔等人。

机能主义心理学强调研究意识的功能,詹姆斯明确提出,心理学应该研究意识的功能和目的,而不是它的结构。也正因为如此,他的心理学思想被称为机能主义心理学。

詹姆斯认为意识是连续不断流动的,人的心理是作为不可分割的整体发挥作用的。他还持有实用主义观点,强调有效用的思想就是真理。因此,心理学应该把有效用的心理过程而不是静态的心理内容作为研究对象。詹姆斯认为心理学的研究工作不应该只局限在实验室内,还要考虑人是如何调整行为以适应环境不断提出的要求的。后来他的一些追随者走向了心理测量、儿童发展、教育实践的有效性等各种应用心理学方面的研究。

机能主义心理学和构造主义心理学两个学派争论的焦点在于探讨心理学作为一门新兴科学的定义及研究方向,然而基于唯心主义的思想基础,它们都未能很好地解决方法学问题。为此,在相持了几十年之后,当另一个新的学派——行为主义心理学派出现后,这两个学派就日渐衰落下去。

代表著作

詹姆斯:《心理学原理》。

安吉尔:《心理学》。

行为主义心理学派

20世纪初产生于美国,它的创始人为美国心理学家华生。行为主义心理学派是对西方心理学影响最大的流派之一。代表人物有华生和托尔曼。

华生认为人类的行为都是后天习得的,环境决定了一个人的行为模式。无论是正常的行为还是病态的行为都是经过学习而获得的,也可以通过学习而更改、增加或消除。他认为查明了环境刺激与行为反应之间的规律性关系,就能根据刺激预知反应,或根据反应推断刺激,达到预测并控制动物和人的行为的目的。华生主张心理学应该摒弃意识、意象等太多主观的东西,只研究所观察到的并能客观地加以测量的刺激和反应,无须理会其中的中间环节，华生称之为黑箱作业。所谓行为就是有机体用以适应环境变化的各种身体反应的组合。这些反应不外是肌肉收缩和腺体分泌，它们有的表现在身体外部，有的隐藏在身体内部，强度有大有小。

1930年起出现了新行为主义理论，以托尔曼为代表的新行为主义者修正了华生的极端观点。他们指出在个体所受刺激与行为反应之间存在着中间变量，这个中间变量是指个体当时的生理和心理状态，它们是行为的实际决定因子，它们包括需求变量和认知变量。需求变量本质上就是动机，它们包括性、饥饿以及面临危险时对安全的要求。认知变量就是能力，它们包括对象知觉、运动技能等等。

在新行为主义中另有一种激进的行为主义分支，它以斯金纳为代表。斯金纳认为科学必须在自然科学的范围内进行研究，其任务就是要建立实验者控制的刺激情境与继之而来的有机体反应之间的函数关系。当然他不仅考虑到一个刺激与一个反应之间的关系，也考虑到那些改变刺激与反应的关系的条件。

代表著作

华生：《行为：比较心理学导论》、《行为主义观点的心理学》。

托尔曼：《动物与人的目的性行为》、《战争的内驱力》。

格式塔心理学派

20世纪初在德国兴起。代表人物有魏特曼、考夫卡和苛勒。

1912年，M·魏特曼发表了论文《似动的实验研究》，标志着格式塔心理学派的兴起，也称完形心理学派。

格式塔心理学派强调整体并不等于部分的总和，整体乃是先于部分而存在并制约着部分的性质和意义。这一观点在一定范围内是符合客观事实的。格式塔心理学家们从这一观点出发，坚决反对对任何心理现象进行元素分析，这对于揭发心理学内的机械主义和元素主义观点的错误具有一定的作用。同时，他们在知觉领域里进行了大量的实验研究工作，并取得了很多具有科学价值的成果。

考夫卡的行为环境认为心理学的对象除行为外，还有所谓的心理物理场，含有自我和环境的两极性，而这两极的每一部分都各有它自己的结构。他又把环境分为地理环境和行为环境，地理环境就是现实的环境，行为环境是意想中的环境。他认为，行为产生于行为环境，受行为环境的影响。

苛勒的直接经验，以"经验"为意识的同义词。苛勒将心理学和物理学相比较，认为物理学家研究物理现象，心理学家研究心理现象，都离不开直接经验。研究行为要将客观经验和主观经验互相印证。

代表著作

魏特曼：《似动的实验研究》、《创造性思维》。

考夫卡：《心智的发展》、《格式塔心理学》、《格式塔心理学原理》。

苛勒：《格式塔心理学》、《心理学中的动力学》。

精神分析心理学派

产生于19世纪末和20世纪初，是西方颇有影响的心理学主要流派之一，由奥地利医生西格蒙德·弗洛伊德创立。

代表人物包括弗洛伊德及他的学生荣格、阿德勒、安娜·弗洛伊德和克兰茵等。

作为20世纪最重要的社会思潮和学术流派之一，弗洛伊德的精神分析理论对心理学、教育学、哲学、人类学、文学艺术、伦理学等领域都产生了重大影响。弗洛伊德的精神分析不仅把心理学研究范围扩展到无意识领域,而且改变了传统心理学对人的心理结构的基本理解。他认为无意识不仅是一个心理过程,而且是一个具有自己的愿望冲动、表现方式、运作机制的精神领域,它像一双看不见的手操纵和支配着人的思想和行为,任何意识起作用的地方都暗自受到无意识的缠绕。

弗洛伊德将本能视为人类的基本心理动力。他认为性本能是诸本能中最重要也是最活跃因素,神经病和精神病的重要起因源于性冲动。

荣格提出意识、个体无意识、集体无意识、原型等精神系统的结果概念;主张在治疗中采取宣泄、分析、教育、个体化治疗阶段和广泛的创造性技术;他的贡献还有对心理类型学的发展工作。

而阿德勒发展的个体心理学在某种程度上可以说是脱离了精神分析学派的一些基本假设,因为他更多的理论是一种社会性的理论,他假设了优越情结、自卑情结、家庭次序等关系,并在社会心理学的意义上采取更接近教育的方式治疗。这使他和精神分析之间具有更大的区别。后期的精神分析学派最大的发展源于两位杰出的女性分析家,那就是安娜·弗洛伊德和克兰茵。

安娜·弗洛伊德和艾立克森发展出了精神分析自我学派,其中最经典的观点是艾立克森的自我同一性的阶段性理论。

而远在英国的分析家克兰茵则创造性地建立了客体关系心理学理论,客体关系理论是当今精神分析学派中最强盛的理论之一。

1970年以后,曾任美国精神分析学会主席的科胡特在客体关系理论和对于自恋性人格障碍治疗的基础上,建立了精神分析的自体心理学派。这一学派从人格的自恋问题着手来治疗来访者的问题,其中最有特点的是对于自恋性人格障碍的治疗。

代表著作

西格蒙德·弗洛伊德:早期著作有《梦的解析》、《性欲理论三讲》、《精神分析引论》;晚期主要著作有《群众心理学和自我的分析》、《文明及其不满》、《图腾和禁忌》、《摩西和一神教》。

荣格：《力比多的转化和象征》、《寻求灵魂的现代人》、《集体无意识的原型》。

阿德勒：《神经症的性格》、《器官缺陷及其心理补偿的研究》、《自卑与超越》。

日内瓦学派

20世纪20年代之际在瑞士形成，为瑞士心理学家J·皮亚杰所创立，所以又称皮亚杰心理学派，主要活动于20世纪60~70年代。代表人物主要有皮亚杰和同事英海尔德、辛克莱、伦堡希、荷明斯卡等。

日内瓦学派的心理研究以皮亚杰的发生认识论为理论基础，从对儿童心理的发生、发展的研究探索知识的发生、发展过程以及结构和它的心理起源。皮亚杰认为，智慧的本质就是适应，而适应依赖于有机体的同化和顺应两种机能的协调，从而使有机体与环境取得平衡。儿童心理发展经历了感知运动阶段、前运算阶段、具体运算阶段、形式运算阶段。他以儿童心智发展为基础，进而研究人类认识的发生和变化。

日内瓦学派认为，心理学研究不仅不能离开生物学而且不能离开逻辑学，皮亚杰用符号逻辑研究儿童智力的发展，在其认知心理学中引入了数理逻辑的概念，并把源于布尔代数的符号逻辑作为一种工具。主要有下列观点。

（1）认识结构及其动态过程，皮亚杰的几个基本概念是：图式(指人的一种心理机能结构)、同化(原生物学概念，指生物适应环境的一种过程，这里主要说明人类智力的发展也是生物的一种适应)、顺应(原有的图式不能适应客体时，通过调整原来的图式建立新的图式，使认识图式发生质的变化的过程)。

（2）儿童心理发展的研究，提出心理发展四要素：①机体的成熟因素；②个体对物体作出动作时的练习和习得经验的作用；③社会环境；④对心理起决定作用的平衡过程(平衡过程是指不断成熟的内部组织在与外界物理和社会环境相互作用中不断调整认识结果的过程，也就是心理不断发展的过程)。

代表著作

皮亚杰：《儿童的语言和思维》、《儿童的道德判断》、《发生认识论原理》。

人本主义心理学派

20世纪50～60年代兴起于美国，是美国当代心理学主要流派之一。

代表人物主要有马斯洛和罗杰斯。

马斯洛认为人类行为的心理驱力不是性本能，而是人的需要。他将人的需要分为七个层次，好像一座金字塔。人在满足高一层次的需要之前，至少必须先部分满足低一层次的需要。同时他将人的需要分为两大类：第一类需要属于缺失需要，可产生匮乏性动机，为人与动物所共有，一旦得到满足，紧张消除，兴奋降低，便失去动机；第二类需要属于生长需要，可产生成长性动机，为人类所特有。它是一种超越了生存满足之后，发自内心的渴求发展和实现自身潜能的需要，满足了这种需要个体才能进入心理的自由状态，体现人的本质和价值，产生深刻的幸福感，马斯洛称之为高峰体验。

罗杰斯认为人本主义的实质就是让人领悟自己的本性，不再倚重外来的价值观念，让人重新信赖、依靠机体估价过程来处理经验，消除外界环境通过内化而强加给他的价值观，让人可以自由表达自己的思想和感情，由自己的意志来决定自己的行为，掌握自己的命运，修复被破坏的自我实现潜力，促进个性的健康发展。

人本主义心理学受现象学和存在主义哲学影响比较明显。人本主义注重人的独特性，主张人是一种自由的、有理性的生物，具有个人发展的潜能，与动物本质上完全不同。他们认为人的意识主要受自我意识的支配，要想充分了解人的行为，就必须考虑到人具有一种指向个人成长的基本需要。

总之，人本主义心理学强调人的社会性特点，给人的心理本质作出了新的描绘，为心理治疗领域孕育了一条创新的人本主义路线和方法。不过人本主义理论不能用实验来加以证明，它主要是理论上的推测，运用的是一种思辨的方法，风格与自然科学研究不同。

代表著作

马斯洛：《动机与人格》、《存在心理学探索》、《宗教、价值观和高峰体验》。

罗杰斯：《患者中心疗法》、《论人的成长》。

认知心理学派

起始于20世纪50年代中期，20世纪60年代以后飞速发展，1967年正式形成。1967年美国心理学家奈瑟《认知心理学》一书的出版，标志着认知心理学已成为一个独立的流派。代表人物有费希霍夫和霍格斯。

该学派与冯特心理学有一脉相承的继承关系，受格式塔心理学思想影响，是行为主义的反作用。

认知心理学派反对行为主义把人的意识完全抛在一边，主张应该承认并研究人的意识，并认定，人的行为主要决定于人的认识活动，包括感性认识和理性认识，人的意识支配人的行为；强调人是进行信息加工的生命机体，人对外界的认知实际上类似于计算机的接受、编码、贮存、交换、操作、检索、提取和使用的过程，并将这一过程归纳为四种系统模式：即感知系统、记忆系统、控制系统和反应系统；强调人已有的知识和知识结构对他的行为和当前的认知活动起决定作用。其最重大的成果是在记忆和思维领域的突破性研究。

现代认知心理学的基本观点就是把人看成信息传递器和信息加工系统，提出短时记忆中有三种编码：①听觉编码，即声码；②视觉编码，即形码；③语义编码，即意码。认为人是按事物的各种性状将其分成三种编码分别贮存在三个不同的位置，而后可以用声、形、意三种不同的途径来检索这一记忆。

认知心理学重视心理学研究中的综合观点，强调各种心理过程之间的相互联系、相互制约，认知心理学在具体问题的研究方面，在扩大心理学研究方法方面都有所贡献。认知心理学的研究成果对计算机科学的发展也有贡献。

代表著作

奈瑟：《认知心理学》。